A. K. M. Khorshed Alam

Assinaturas neotectónicas da bacia setentrional de Bengala no Bangladesh

AF633658

A. K. M. Khorshed Alam

Assinaturas neotectónicas da bacia setentrional de Bengala no Bangladesh

Aplicação de deteção remota

ScienciaScripts

Imprint

Any brand names and product names mentioned in this book are subject to trademark, brand or patent protection and are trademarks or registered trademarks of their respective holders. The use of brand names, product names, common names, trade names, product descriptions etc. even without a particular marking in this work is in no way to be construed to mean that such names may be regarded as unrestricted in respect of trademark and brand protection legislation and could thus be used by anyone.

Cover image: www.ingimage.com

This book is a translation from the original published under ISBN 978-620-2-05894-0.

Publisher:
Sciencia Scripts
is a trademark of
Dodo Books Indian Ocean Ltd. and OmniScriptum S.R.L publishing group

120 High Road, East Finchley, London, N2 9ED, United Kingdom
Str. Armeneasca 28/1, office 1, Chisinau MD-2012, Republic of Moldova, Europe
Printed at: see last page
ISBN: 978-620-7-87940-3

Copyright © A. K. M. Khorshed Alam
Copyright © 2024 Dodo Books Indian Ocean Ltd. and OmniScriptum S.R.L publishing group

Às memórias dos meus falecidos pais Jahanara Begum e Tasir Uddin Ahmed

Prefácio

O objetivo do presente livro é fornecer as técnicas para detetar e identificar as assinaturas neotectónicas da geomorfologia do terreno sedimentar macio com a ajuda de diferentes técnicas de deteção remota. Já se sabe que as técnicas utilizadas no estudo neotectónico em terrenos rochosos são bastante diferentes das utilizadas em terrenos sedimentares moles. E os exemplos destes terrenos não são comuns porque pouco trabalho foi feito até agora neste sentido. Assim, continua a ser um desafio identificar as assinaturas das actividades tectónicas em curso nos terrenos espessos e cobertos de sedimentos moles. No entanto, este livro é o resultado de uma investigação de doutoramento realizada na bacia setentrional de Bengala, no Bangladesh, com os objectivos acima mencionados. Aqui também foi feita uma tentativa de avaliar a potencialidade de diferentes comprimentos de onda utilizados para adquirir a informação necessária para o estudo neotectónico em tal terreno aluvial. É necessária uma compreensão clara da interação entre a energia electromagnética de vários comprimentos de onda e as condições do terreno para uma utilização óptima das técnicas de deteção remota. Os resultados da investigação demonstraram a potencialidade das técnicas de deteção remota na identificação de evidências relevantes de actividades neotectónicas; e também a importância dos dados de deteção remota multiespectral, multirresolução e multitemporal. Assim, espera-se que o livro ajude a satisfazer a necessidade de um livro deste género. É de salientar que o Bangladesh tem a sua singularidade do ponto de vista geológico e tectónico - é um dos maiores deltas situados numa região tectonicamente ativa e complexa do mundo, recebendo anualmente uma enorme quantidade de sedimentos. Mais de oitenta por cento da área do país está coberta por sedimentos fluviais, deltaicos e estuarinos de idade recente. É o lar de cerca de 170 milhões de pessoas que enfrentam a ameaça da subida do nível do mar devido às alterações climáticas.

O livro está organizado em dez capítulos. O capítulo um descreve os antecedentes do estudo, o âmbito, os objectivos e as limitações do estudo, e um resumo dos resultados de trabalhos anteriores para apresentar a justificação do presente estudo. O capítulo dois descreve a geologia e a tectónica regionais, bem como uma breve descrição dos principais elementos tectónicos da área. O capítulo três descreve a metodologia de estudo e os materiais utilizados para a investigação com um fluxograma. O capítulo quatro apresenta os relatos breves dos terramotos históricos na região e os seus impactos no Bangladesh, e também uma análise da sismicidade da área com base nos dados históricos e instrumentais dos sismos. O capítulo cinco apresenta pormenores dos resultados das interpretações, tanto da interpretação visual de imagens como do processamento digital de imagens, de diferentes dados de teledeteção multiespectrais e multitemporais, desde os ópticos aos de micro-ondas. O capítulo seis descreve os resultados da deteção das assinaturas neotectónicas de diferentes unidades geomorfológicas, ou seja, colinas de rochas sedimentares terciárias mais jovens, terraços de solos pleistocénicos e planícies de inundação e leques aluviais de sedimentos inconsolidados holocénicos. O capítulo sete apresenta em pormenor as interpretações das assinaturas neotectónicas e o seu significado. O capítulo oito apresenta os resultados que mostram a relação entre as actividades neotectónicas e os perigos naturais que ocorrem na área, o que também indica como as actividades neotectónicas controlam as ocorrências dos perigos. O capítulo nove ilustra o modelo concetual desenvolvido; com base na geomorfologia, topografia, geologia, grau de desenvolvimento do solo e atividade sísmica; para a área que explica as actividades neotectónicas, a ocorrência de perigos naturais e a evolução do relevo da área. O décimo capítulo apresenta as conclusões com base nos resultados do estudo e a potencialidade da técnica de deteção remota, com algumas limitações, neste tipo de mapeamento para o estudo neotectónico numa área coberta por sedimentos não consolidados e onde os lineamentos e falhas não estão claramente expostos.

Creio que as técnicas utilizadas no estudo e discutidas no livro podem ser úteis para os estudantes, investigadores e profissionais que trabalham nos domínios da cartografia geológica, estudo geomorfológico, investigação neotectónica, avaliação de riscos sísmicos e outros riscos naturais, planeamento urbano e de desenvolvimento, gestão de planícies aluviais e zonas costeiras, investigação geoarqueológica, etc., num terreno coberto por sedimentos moles que sofrem de atividade tectónica contínua.

Daca, Bangladesh, outubro de 2017.

A. K. M. Khorshed Alam

Agradecimentos

Gostaria de agradecer a diferentes indivíduos e organizações pela ajuda e cooperação de várias formas para a realização da investigação de doutoramento. Tenho o prazer de expressar a minha gratidão ao Professor Dr. Md. Badrul Islam, do Departamento de Geologia e Minas da Universidade de Rajshahi, pela orientação e ajuda durante a investigação e pela revisão do manuscrito.

Estou em dívida para com M. Muminullah do Serviço Geológico do Bangladesh (GSB); Dr. Donald A. Coates, Dr. James C. Yount, Dr. John W. Whitney e Dr. Derrel G. Herd do Serviço Geológico dos EUA (USGS); Dr. T. Woldai e Dr. Hans Diederix do ITC, Países Baixos, pela sua orientação na aprendizagem do tema da neotectónica. Estou grato aos Directores-Gerais do GSB; Late Abdullah Manwar, M. Nazrul Islam, Mizanur Rahman e Afia Akhtar pela sua gentil autorização para realizar esta investigação e cooperação em várias fases do trabalho. Estou igualmente grato ao Dr. M. R. Khan, Md. Khurshid Alam, Late S. K. M. Abdullah, A. K. M. Shahidul Hasan e Late Anisur Rahman por me terem dado a oportunidade de efetuar trabalho de campo e pelas valiosas sugestões para melhorar o trabalho. Gostaria de agradecer ao Professor Musfique Ahmed, ao Professor M. Shafiqul Alam, ao Professor Syed Shamsuddin Ahmed, ao falecido Professor S. Taher Ahmed, ao Professor Quamrul Hasan Mazumder, ao Dr. Sohail Kabir e ao Dr. Md. Sultan-ul Islam do Departamento de Geologia e Minas da Universidade de Rajshahi pela sua cooperação na universidade durante todo o período da investigação e pelas sugestões para melhorar o trabalho. Estou grato ao Professor Monirul Hoque, do Departamento de Geologia da Universidade de Dhaka, que demonstrou o seu bom gesto para comigo e se deu ao trabalho de melhorar o manuscrito. Estaria a faltar ao meu dever se não reconhecesse as discussões feitas por A. K. M. Shahidul Hasan e Md. Khairul Islam em várias fases da investigação e, especialmente, a revisão final do manuscrito efectuada pelo primeiro.

Reconheço com gratidão a ajuda e o apoio do Dr. John W. Whitney do USGS; do Center for Environment & GIS; do Departamento Meteorológico do Bangladesh; do Bangladesh Water Development Board (BWDB) pelo fornecimento de imagens digitais, dados sobre a precipitação e o nível da água; de Mir Fazlul Karim, Sirajur Rahman Khan, Md. Anwarul Huq, Md. Zillur Rahman do GSB, Professor Md. Badrul Islam da Universidade de Rajshahi, Md. Mahfuzul

Haque da Universidade de Jahangirnagar; Late Arpan Kumar Mitra do BWDB pela sua ajuda na obtenção de imagens digitais, dados sobre o nível da água, dados sobre a precipitação, dados de engenharia, fotografias do campo, publicações, etc.; Professor Syed Humayun Akhtar da Universidade de Dhaka pelo fornecimento de dados GPS; S. M. Mahbub Alam e A. K. M. Shahidul Hasan pelo apoio logístico durante um trabalho de campo em Nalitabari de Sherpur.

Os meus agradecimentos vão também para os colegas do GSB: Pradip Kumar Sen Gupta, A. T. M. Asaduzzaman, Md. Noor Islam, Fuaduzzaman Khan, Farukh Ahmed, Md. Ali Akbar, K. H. M. Syfur Rahman, Md. Abdul Aziz Patwary, Md. Ahosan Habib, Md. Nazim Uddin Ghani, Md. Mossabber, Md. Nazrul Islam Chowdhury, Md. Ali Abbas, M. A. Kasem, M. A. Hai, Md. Reazuddin, Uttam Kumar Biswas pela sua ajuda em várias fases da investigação. Gostaria de expressar os meus sinceros agradecimentos a Mohammad Nizamuddin e Nasima Begum do GSB, e a Md. Salah Uddin, estudante da Universidade de Rajshahi, pela sua amável ajuda na realização de muitos dos desenhos. Tenho o prazer de agradecer o apoio informático prestado por Md. Khairul e Nurul Majid Tauhid e o encorajamento do Professor Dr. Md. Borhan Uddin. Tenho o prazer de agradecer à Dra. Sultana Nasrin Nury do GSB pela sua cordial ajuda na edição final.

Agradeço também aos meus irmãos Dr. A. K. M. Nowshad Alam e Dr. A. K. M. Rezaul Alam e à minha única irmã Taslima Akhtar e ao seu marido Md. Mamunur Rashid pelo seu encorajamento e inspiração. Um reconhecimento especial e um agradecimento sincero às minhas filhas, Dra. Nadia Alam e Dra. Sadia Alam, pela sua paciente compreensão e encorajamento durante todo o período da investigação. Gostaria de agradecer ao Dr. Imran Ahmed, o meu genro, pelo seu apoio na conclusão do manuscrito. Não estaria terminado se não reconhecesse a inspiração concedida pelo pequeno anjo Arisha, a minha única neta, durante a finalização do mesmo. Por último, registo respeitosamente a minha gratidão à minha querida esposa, Nahid Arjuma Begum, que é a minha inspiração constante e me apoia e coopera de todo o coração em todas as actividades académicas e de investigação da minha carreira profissional.

ÍNDICE

Lista de acrónimos, abreviaturas e definições

Beel (bil)	Beels (bils) are large depressions, which receive surface runoff. Beels do not subside but haor basins do. (Ref: Asiatic Society of Bangladesh, 2003).
BWDB	Bangladesh Water Development Board
Depression	Geomorphologically, any relatively sunken part of the Earth's surface surrounded by higher ground and having no natural outlet for surface drainage. Tectonically, a structurally low area in the crust, produced by negative movements. The term includes basins. (Ref: American Geological Institute, 1980).
EM	Electro Magnetic
ETM+	Enhanched Thematic Mapper Plus
FCC	False Colour Composite
GCP	Ground Control Point
GPS	Global Positioning System
GSB	Geological Survey of Bangladesh
GSI	Geological Survey of India
Haor	Haor is bowl-shaped large tectonic depression. It receives surface runoff water by rivers and khals, and consequently, a haor becomes very extensive water body in the monsoon and dries up mostly in the post-monsoon period. In Bangladesh haors are found mainly in greater Sylhet and greater Mymensingh regions. During monsoon a haor is a vast stretch of turbulent water. (Ref: Asiatic Society of Bangladesh, 2003).
ILWIS	Integrated Land and Water Information System
ITC	International Institute for Geo-Information Science and Earth Observation, The Netherlands
MSS	Multi Spectral Scanner
RS	Remote Sensing
SAR	Synthetic Aperture Radar

SPARRSO	Space Research and Remote Sensing Organization
SPOT	Systeme Probatoire d'Observation de la Terre
SRDI	Soil Resources Development Institute
Terrace	A terrace is a gently inclined, elevated bench like remnant floodplain that lies at a higher elevation than the present day floodplain. (Ref. Jensen, 2000).
TM	Thematic Mapper

Capítulo 1

INTRODUÇÃO

1.1 CONTEXTO DO ESTUDO

O Bangladesh, um dos maiores deltas do mundo, situa-se numa região tectonicamente ativa, onde a placa indiana se desloca para norte sob a placa euro-asiática e colide com a placa birmanesa a leste. O movimento da placa indiana começou no início do Cenozoico médio e continuou durante o Terciário, continuando ainda ativo. A colisão contínua entre estas placas resultou em deformações, elevações, subsidência e falhas no delta no Quaternário (Coates *et al.*, 1991). No entanto, os movimentos recentes ou sub-recentes da crosta, na maioria dos casos, estão relacionados com estruturas mais antigas e possivelmente enterradas. Para além da sua localização numa região tectónica complexa, o Bangladesh é vizinho de uma série de elementos tectónicos activos e importantes, por exemplo, o Planalto de Shillong, diferencialmente elevado (Srinivasan, 2003), a complexa Zona de Falhas de Dauki, multifásica (Biswas e Grasemann, 2005), e a Bacia de Surma. Devido a estas actividades tectónicas, a região sofre tremores de terra frequentes, que aumentaram nos últimos tempos. O registo de sismos no Bangladesh e nos seus arredores durante 150 anos mostra que os pequenos sismos (magnitudes inferiores a 5,0) apresentam geralmente pouca correlação com as características geológicas, mas apresentam correlação com a geomorfologia. A distribuição espacial mais aleatória dos pequenos sismos pode refletir uma ampla acumulação regional de tensão, que é causada pela interação complexa das placas. A interpretação das características geomórficas pode dar pistas importantes para a sismologia ou naturezas paleo-sísmicas preservadas em depósitos quaternários (Crone, 1987). As assinaturas destas actividades tectónicas podem estar disponíveis na geomorfologia (Selby, 1989) e na geologia da região. Mas é difícil identificar estas assinaturas num terreno aluvial de relevo tão baixo. A análise do padrão de drenagem é útil na interpretação estrutural, particularmente em áreas de baixo relevo (Howard, 1967).

As atenções do público são atraídas quando ocorre um paroxismo pouco frequente da crosta terrestre sob a forma de um terramoto, erupção vulcânica ou deslizamento de terras, mas os movimentos mais lentos passam em grande parte despercebidos. A identificação das assinaturas das actividades neotectónicas é importante não só para o estudo do Quaternário, mas também para a compreensão das estruturas geológicas mais antigas. Estas podem ser utilizadas para a exploração e gestão dos recursos naturais, para a gestão do ambiente, para o planeamento do desenvolvimento e para a tomada de medidas destinadas a reduzir as perdas decorrentes da eventual ocorrência de riscos naturais, por exemplo, inundações, efeitos sísmicos, assoreamento, erosão das margens dos rios, subsidência, etc. Para saber mais sobre a história da deformação do Quaternário tardio e, em particular, do Holoceno, e para compreender melhor a sismicidade (Allen, 1975), há uma necessidade especial de estudos geomorfológicos. Além disso, a configuração tectónica é um controlo adicional sobre os sistemas deltaicos que permanece pouco estudado, mas de importância potencialmente considerável.

A teledeteção desempenha um papel cada vez mais importante na aquisição de dados espaciais de diversas características sobre a Terra, que são necessários para a exploração e gestão dos nossos recursos naturais, o planeamento do desenvolvimento, a atenuação dos riscos, etc. A análise das imagens de teledeteção demonstrou o seu valor para decifrar a inter-relação entre litologia, estruturas e formas de relevo. As características do local, da situação e da associação são muito importantes quando se tenta identificar um objeto ou uma atividade (Jensen, 2000). Diferentes tipos de dados de deteção remota são adquiridos em diferentes resoluções espectrais e espaciais, e aí residem os efeitos destas variáveis na interpretabilidade dos dados de deteção remota a serem utilizados em aplicações neotectónicas. Assim, os efeitos das variáveis sobre a interpretabilidade devem ser examinados para utilizar corretamente os meios de deteção remota.

1.2 FINALIDADE E OBJECTIVO

Os objectivos do estudo são descobrir as assinaturas das actividades neotectónicas na geomorfologia; determinar a natureza, a taxa e o tempo da atividade; e compreender a geologia da área. A identificação das diferentes assinaturas é feita utilizando uma vasta gama de técnicas de deteção remota, como a fotografia aérea, o varrimento multiespectral e o radar de abertura sintética (SAR). O comportamento de várias características geológicas e tectónicas é diferente em diferentes comprimentos de onda do espetro eletromagnético (EM). Para além da teledeteção aérea, a teledeteção espacial tem sido utilizada para a cartografia geológica e geomorfológica desde finais da década de 1970 (Blumberg *et al.*, 2004). Até a tarefa de datação de eventos pode ser efectuada utilizando imagens de satélite (Beratan e Anderson, 1998). Para compreender a sua capacidade no domínio da geologia do Bangladesh, é necessário realizar mais trabalhos. Além disso, é importante conhecer a interação entre o material da terra e o relevo numa região tropical húmida e o espetro EM. Os principais objectivos do presente estudo são:

i) deteção e identificação de assinaturas neotectónicas através da interpretação e análise de imagens visuais e do processamento e interpretação de imagens digitais;

ii) reconhecimento do estilo, do padrão e do tempo, e desenvolvimento de um modelo concetual das actividades neotectónicas que ocorrem na zona;

iii) avaliação de diferentes dados de teledeteção quanto à sua adequação a estudos neotectónicos numa região tropical húmida; e

iv) identificação dos riscos naturais e preparação de mapas de zonação de riscos.

1.3 ÁREA DE ESTUDO

Uma parte ou a totalidade de quarenta upazilas dos distritos de Kurigram, Jamalpur, Sherpur, Tangail, Netrakona, Sunamganj e Mymensingh estão incluídas na área de estudo (Figura 1.1). A zona é limitada a oeste por 89° 45'E de longitude e a leste por 91O30'E, a norte pela fronteira internacional com a Índia e a sul por 25OO'N de latitude. No entanto, para uma melhor compreensão da geologia e geomorfologia dos arredores, o limite sul da área de estudo foi alargado até à latitude 24045'N. Assim, a área total cobre cerca de 3.400 quilómetros quadrados e a população é de cerca de 10 milhões de habitantes (Asiatic Society of Bangladesh, 2003).

A área de estudo recebe uma precipitação média anual de 2000 mm e 3500-4000 mm registada nas estações de Mymensingh e Sylhet, respetivamente. A precipitação anual total registada durante 1960-2001 e as temperaturas máximas e mínimas mensais registadas durante 1965-1998 nas mesmas estações são apresentadas nas figuras 1.2 e 1.3, respetivamente. A humidade varia entre 77% e 84% em Mymensingh e 78% e 84% em Sylhet.

Os recursos naturais da área de estudo podem ser divididos em três categorias: i) recursos terrestres e edáficos, ii) recursos minerais (argila branca, cascalho, calcário, areia de vidro, areia de construção, argila para tijolos e outras argilas adequadas para utilização em indústrias cerâmicas) e iii) recursos hídricos.

1.4 REVISÃO DA LITERATURA

Foram realizados vários trabalhos científicos e profissionais nesta região do país para fins académicos, de engenharia, de investigação e de exploração de recursos minerais e hídricos. Nestes estudos, foram descritos a geologia, a geomorfologia, a tectónica, o comportamento hidráulico, as características dos sedimentos, os registos científicos de ocorrências sísmicas, etc. Nos parágrafos seguintes são apresentadas breves descrições de alguns trabalhos importantes.

Um dos primeiros estudos científicos nesta área foi efectuado por Rennell (1781), que compilou um conjunto de mapas de Bengala. Esta área adquiriu grande importância do ponto de vista comercial, militar e administrativo. Os seus mapas podem ser considerados como um compêndio da história do curso do rio no delta de Bengala e das suas alterações geomorfológicas (Asiatic Society of Bangladesh, 2003).

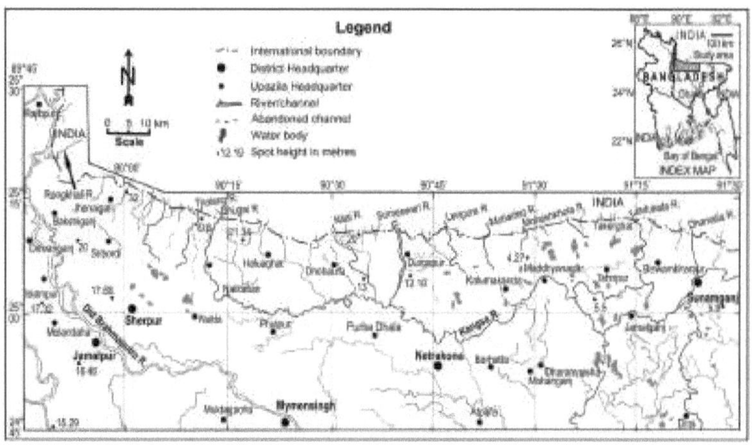

Figura 1.1 Mapa de localização da área de estudo.

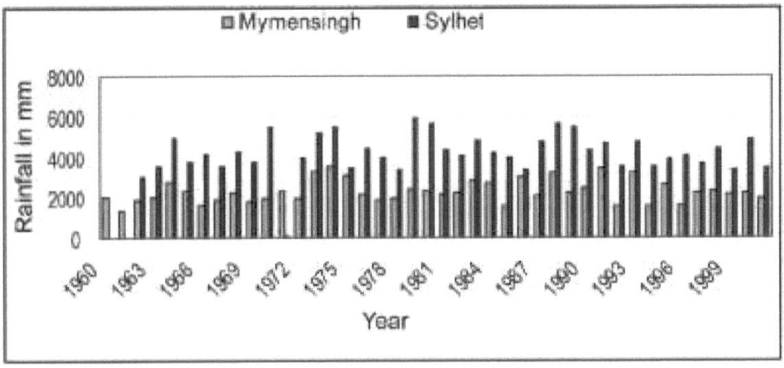

Figura 1.2 Precipitações totais anuais (em mm) em Mymensingh e Sylhet, Bangladesh, durante o período 1960-2001.

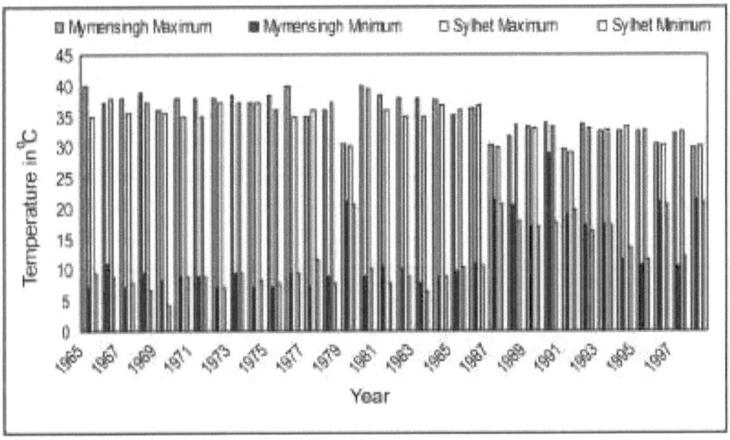

Figura 1.3 Temperaturas mensais (° C) em Mymensingh e Sylhet, Bangladesh, durante o período 1965-1998.

Fergusson (1863) acreditava que o trato pleistocénico da região de Madhupur tinha sido elevado em tempos muito recentes e referiu o terramoto de 1762. Considerou que os numerosos lagos baixos da bacia de Sylhet poderiam ter sido causados por subsidência compensatória da elevação do trato de Madhupur.

Um trabalho geológico clássico efectuado nesta parte do globo em meados dos anos cinquenta do século passado, onde os depósitos quaternários e as suas características e história evolutiva foram descritos por Morgan e McIntyre (1959). Segundo eles, a unidade pleistocénica de Madhupur, delimitada a oeste por uma série de falhas em escalão, foi elevada e inclinada para nordeste. A elevação fez com que alguns dos antigos distribuidores do Brahmaputra se tornassem antecedentes, o que provavelmente contribuiu para o desvio do Brahmaputra para o seu canal atual.

O Serviço Geológico do Paquistão publicou um mapa geológico em pequena escala que cobre o Bangladesh (Bakr e Jackson, 1964).

Coleman (1969) estudou o rio Brahmaputra (Jamuna) com o objetivo de compilar sistematicamente os dados e efetuar investigações no terreno. Preparou um mapa geomorfológico da antiga planície de inundação do Brahmaputra e afirmou que os recentes movimentos tectónicos activos e outros factores contribuíram significativamente para a migração do canal na área.

Alam (1972) apresentou uma classificação tectónica da Bacia de Bengala, onde explicou a elevação, a falha e a subsidência à luz do conceito geossinclinal.

Durante a década de 1970, foi efectuado um levantamento aeromagnético no Bangladesh para recursos minerais (Hunting Geology and Geophysics Ltd., 1980).

Bakr (1977) estudou a geomorfologia de uma área a leste da atual área de estudo e concluiu que a área sofreu um levantamento que elevou a superfície acima da planície de inundação de Meghna adjacente. A elevação da planície deltaica de Chandina (superfície de Tippera) teve lugar durante o período recente. Mencionou que se verificou uma grande migração fluvial nos últimos 200 anos e que o movimento terrestre dominante foi epiorogénico.

Com base na análise de imagens Landsat, Sesoren (1984) preparou um mapa de lineamentos para dar uma interpretação da estrutura do delta do Ganges no Bangladesh. Mostrou algumas relações entre os lineamentos e as características morfológicas do delta.

Em ligação com a exploração de calcário, areia de vidro, argila branca e depósitos de cascalho, foram efectuados vários programas de cartografia geológica pelo Serviço Geológico do Bangladesh (GSB) ao longo da faixa estreita que se estende de E a W perto da fronteira internacional (Zaher, 1970; Rahman e Islam, 1985a&b; Islam, 1985a&b; Rahman e Manwar, 1988; Islam e Alam, 1992). Ali *et al.* (1994) identificaram uma série de lineamentos de tendência NE-SW e E-W a partir de dados de teledeteção e mostraram que a área está fracturada e com falhas.

O Serviço Geológico do Bangladesh (GSB) publicou um Mapa Geológico do Bangladesh (Alam *et al.*, 1990) à escala de 1: 1.000.000, que apresenta descrições pormenorizadas dos depósitos do Holocénico e das suas propriedades texturais. Neste mapa, a Falha de Dauki foi mostrada a atravessar a parte norte do país. Para além do mapa acima referido, o GSB também publicou um Mapa de Anomalias de Gravidade Bouguer do Bangladesh (Rahman *et al.*, 1990a) e um Mapa de Anomalias Aeromagnéticas do Bangladesh (Rahman *et al.*, 1990b) à escala de 1: 1.000.000.

Islam *et al.* (1995) identificaram características tectono-geomórficas ao longo da borda ocidental do trato de Madhupur. Mostraram que a formação da parte oriental do vale do Jamuna é o resultado da tectónica regional em cerca de 28 ka BP.

Kamal *et al.* (2000) classificaram as formas de relevo da parte centro-norte do Bangladesh em terrenos de origem no contexto do tectonismo regional e concluíram que o empuxo da subplaca birmanesa domina sobre a placa indiana ao longo da zona de subducção.

Oya (1977) classificou as formas de relevo aluviais nas terras baixas de Bengala utilizando imagens de satélite.

Khandoker (1987) mostrou que a elevação dos tractos do Pleistoceno ocorreu como um bloco hospedeiro ao longo de linhas pré-existentes bem definidas de fraqueza crustal com subsidência compensatória das regiões limítrofes. As falhas associadas à origem dos tractos parecem estar ainda activas.

Umitsu (1985, 1987, 1993) subdividiu os sedimentos recentes e discutiu as formas de relevo e o ambiente sedimentar na planície de Bengala com base na análise dos sedimentos. Tentou descobrir a relação entre a evolução do relevo e a subida do nível do mar durante o Quaternário Superior.

Foram realizados muitos estudos científicos sobre a cinemática da colisão Índia-Eurásia, a geometria da rutura do terramoto de Assam de 1897, o momento e o retorno dos eventos paleossísmicos no planalto de Shillong, a sedimentação e a tectónica, etc. (Molnar, 1987; Johnson e Alam, 1991; Sukhija *et al.,* 1999; GSI, 2000; Bilham e England, 2001).

Goodbred e Kuehl (2000) estudaram a estratigrafia do Quaternário tardio e a evolução do delta do Ganges-Brahmaputra. Mostraram que o sistema deltaico é controlado por imensas descargas de sedimentos, tectónica e eustasia. No entanto, a configuração tectónica é um controlo adicional do sistema deltaico. Goodbred *et al.* (2003) encontraram duas escalas de processos tectónicos que incluem o contexto regional mais amplo da bacia hidrográfica dos Himalaias e os impactos mais locais das respostas intrabasais na bacia de Bengala.

Numa publicação recente, baseada numa longa exploração geológica, Nandy (2001) descreveu a geodinâmica do nordeste da Índia e da região adjacente que abrange a Bacia de Bengala. A evolução geodinâmica e a geodinâmica contemporânea desta região foram elaboradas através de uma síntese coerente e de uma análise lógica de todos os dados multidisciplinares disponíveis sobre litologia, paleontologia, estratigrafia, estrutura, tectónica, morfologia, gravidade, sismicidade, etc.

Shamsuddin e Abdullah (1997) discutiram a evolução geológica da Bacia de Bengala e as suas implicações na exploração de hidrocarbonetos no Bangladesh. Khan (2002) analisou a história geológica da Bacia de Bengala e a mineralização e acumulação de hidrocarbonetos em relação à teoria da tectónica de placas.

Curray *et al.* (2003) publicaram os resultados de um trabalho há muito estudado sobre o leque de Bengala e mostraram que a morfologia, geometria, estratigrafia, história e processos. O leque formou-se como resultado direto da colisão Índia-Ásia e da elevação dos Himalaias e do Planalto Tibetano.

Biswas e Grasemann (2005) discutiram a morfotectónica quantitativa do planalto meridional de Shillong e mostraram que a Falha de Dauki é uma falha inversa de ângulo elevado, com uma inclinação para norte, que facilita a exumação do planalto de Shillong.

Para além destes, observações, interpretações e relatos científicos detalhados das ocorrências de terramotos nesta região foram dados por muitos autores (Oldham, 1899; Stuart, 1920; Gee, 1934). Estes são também documentos muito valiosos sobre ocorrências históricas de terramotos. As suas descobertas e interpretações possuem méritos significativos e devem ser utilizadas como informação inestimável no campo do estudo dos sismos.

Mas os estudos supramencionados não fornecem pormenores sobre o comportamento geomórfico e neotectónico da região da frente da colina do planalto de Shillong no Bangladesh. Estes estudos também não mostram a influência dos sismos nas formas de relevo desta área.

1.5 LIMITAÇÕES DO ESTUDO

i) **Falta de controlo topográfico de pormenor:** Não foram

disponibilizados dados topográficos de pormenor, que poderiam ajudar a identificar pequenas quebras na topografia.

ii) **Falta de controlo da datação absoluta:** Não foram disponibilizados dados de datação absoluta para o estudo. A ênfase principal foi dada à geomorfologia, geologia e tectónica recentes a partir dos dados de deteção remota.

iii) **Falta de estações sísmicas próprias:** Pode haver algum problema na localização exacta dos sismos devido à falta de estações sísmicas consideráveis no Bangladesh. Havia uma estação sísmica durante o período de estudo.

Capítulo 2

CONTEXTOS GEOLÓGICOS E TECTÓNICOS

2.1 GEOLOGIA E TECTÓNICA REGIONAL

O Bangladesh constitui a continuação oriental das amplas planícies indo-gangéticas centrais da Índia, que servem de divisão fisiográfica entre a região peninsular (escudo) a sul e a região extrapeninsular (montanhas dos Himalaias) a norte e nordeste. A bacia de Bengala está situada na parte oriental da planície indo-gangética. A maior parte da bacia situa-se no Bangladesh e uma parte menor no Estado de Bengala Ocidental, na Índia. A bacia situa-se aproximadamente entre 20°34'N e 26°38'N, e 88°01'E e 92°41'E. O planalto de Shillong situa-se imediatamente a norte e os Himalaias a norte distante. As elevações indo-birmanesas de Arakan-Chin situam-se a leste e o escudo indiano a oeste. A área está aberta para sul e desagua na Baía de Bengala, no norte do Oceano Índico (Figura 2.1). A Baía de Bengala foi identificada como uma bacia oceânica remanescente (Curray *et al.*, 1983; Ingersoll, *et al.*, 1995) porque a bacia foi fechada por subducção oriental sob as cordilheiras indo-birmanesas e os arcos de Andaman e Sunda.

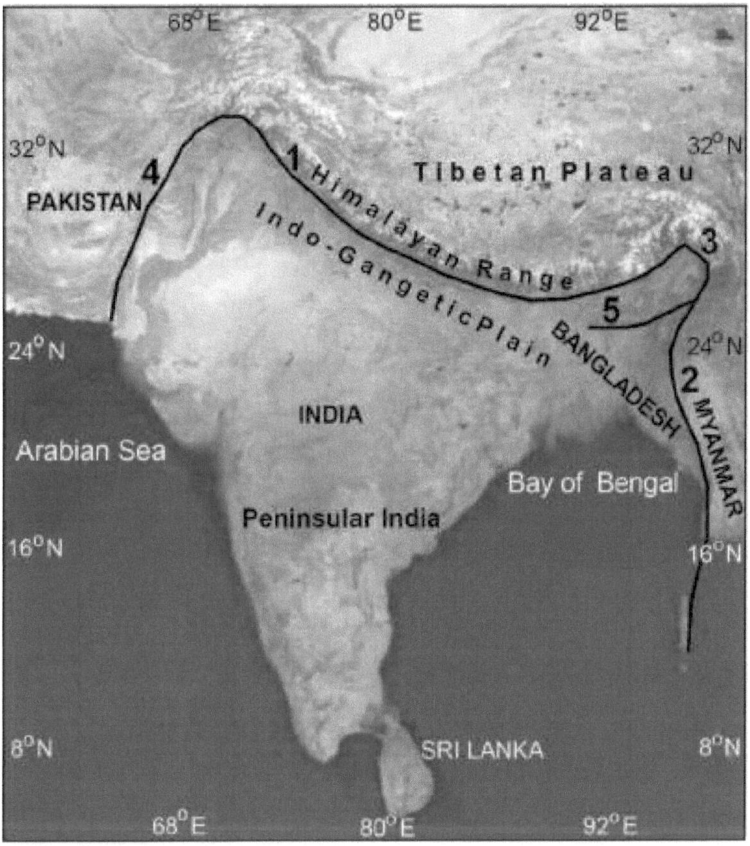

Figura 2.1 Imagem NOAA mostrando as características estruturais regionais. 1 - Empuxo da fronteira principal, 2 - Falha de Kaladan, 3 - Empuxo de Mishmi, 4 - Falha de Chaman, 5 - Falha de Duaki.

A bacia de Bengala é uma bacia composta com uma história tectónica variada. Para além de pequenas medidas de carvão do Carbonífero preservadas, pelo menos localmente, na crosta continental pré-câmbrica, a principal fase de deposição nesta bacia começou após a separação da Índia da Antárctida, por volta do início do Cretáceo Superior (Sclater e Fisher, 1974; Molnar e Tapponnier, 1975). O movimento do continente indiano abrandou acentuadamente desde o início do Eoceno até ao início do Oligoceno e depois retomou a direção norte-noroeste (Sclater e Fisher, 1974). O primeiro contacto da placa indiana em movimento para norte com a placa euro-asiática ocorreu no Paleoceno/Eoceno Inferior. Mais tarde, a subducção sob a placa birmanesa ocorreu a leste. A cordilheira indo-birmanesa separou as bacias birmanesas, a leste, da bacia de Bengala, a oeste. Nos últimos 40 milhões de anos, o subcontinente indiano tem vindo a penetrar cada vez mais profundamente no resto da Ásia, levantando os Himalaias. Os modelos globais de movimento de placas (DeMets *et al.*, 1990, 1994) prevêem que cerca de 50 mm/ano de convergência dirigida para norte é absorvida entre a Índia e a Eurásia. A velocidade de colisão prevista da Índia em relação à Ásia aumenta de -40 mm/ano na Índia ocidental e no Paquistão para -52 mm/ano na Índia oriental e na Birmânia (Bilham e Gaur, 2000). [th] Na região da ocorrência do terramoto de Sumatra de 26 de dezembro de 2004, a placa da Índia move-se para NE a uma taxa de aproximadamente 6 cm/ano em relação à placa da Birmânia (van der Meijde, 2004). Estudos sísmicos, paleomagnéticos, de anomalias oceânicas e estudos recentes de GPS mostram que a placa birmanesa está a mover-se para oeste a uma taxa de 20 mm/ano, enquanto a placa indiana se move muito mais rapidamente, ou seja, >20 mm/ano para nordeste (Akhter e Huque, 2004).

É já evidente que a geologia e a tectónica da Bacia de Bengala e da região circundante são regidas pelos movimentos das placas. Para compreender a geologia e a tectónica regionais, é necessário conhecer os elementos tectónicos importantes desta área. Os elementos tectónicos importantes na área de estudo e nas suas imediações são o planalto de Shillong, a falha de Dauki e a bacia de Surma (Figura 2.2).

O mapa de anomalias Bouguer (Rahman *et al.*, 1990a; Nandy, 2001) mostra três domínios estruturais diferentes, nomeadamente a Bacia de Surma no sul, o Planalto de Shillong no meio e o Brahmaputra Foredeep no norte. A tendência geral da anomalia é este-oeste em todos os três domínios, mas mostra uma grande variação de +44 mgal no planalto de Shillong a -160 mgal no sopé dos Himalaias e a -85 mgal no sul sobre o vale de Sylhet (bacia de Surma). Observam-se gradientes de gravidade acentuados perto do contacto entre o Planalto de Shillong e a Bacia de Surma, definindo a zona da Falha de Dauki como uma fronteira tectónica entre a Calha de Sylhet e o Planalto de Shillong.

2.1.1 Bacia de Bengala

A Bacia de Bengala, uma bacia assimétrica, ocupa a maior parte do Bangladesh, Bengala Ocidental da Índia e as partes offshore da Baía de Bengala. Estruturalmente, a bacia é limitada a oeste pelo escudo indiano, a leste pela linha geográfica Arakan-Yoma-Chin, a norte pelo maciço de

Shillong e os estudos geofísicos indicam uma ausência geral de fecho axial a sul. Este fecho contém o leque de Bengala da Baía de Bengala, cujos lóbulos frontais se estendem para sul até 7° S (Curray e Moore, 1974). A bacia de Bengala, uma grande acumulação deltaica, formou-se entre os Himalaias orientais e o leque de Bengala.

Curray (1991) argumentou que os depósitos sedimentares e os seus equivalentes mais profundos e metamorfoseados sob a plataforma continental do Bangladesh têm pelo menos 22 km de espessura. As interpretações da configuração tectónica da bacia são variadas e bastante complicadas. Desikachar (1974) propôs um modelo tectónico de placas para a região e considerou a bacia de Bengala como uma bacia peri-cratónica da placa indiana. A sua proposta sugere que a porção central da bacia de Bengala, profundamente subsidiada, faz parte da placa indiana, enquanto a margem oriental da bacia faz parte da placa birmanesa. Na sua opinião, a placa birmanesa moveu-se em direção à placa indiana a partir do Mioceno e, a leste da crista Ninety-East, onde inferiu a subsidência máxima, a placa birmanesa sobrepôs-se à placa indiana para formar uma zona de subducção entre as duas placas. Atualmente, a maioria dos autores concorda que a convergência entre a Índia e a Birmânia resultou na subducção da crosta oceânica por baixo da Birmânia, com a margem posterior da Índia a passar obliquamente para a zona anterior das cordilheiras indo-birmanesas (Murphy, 1988; Mukhopadhyay e Dasgupta, 1988; Alam *et al.*, 2003; Uddin e Lundberg, 2004). Esta margem convergente tem sido complicada por movimentos de deslizamento lateral à direita, possivelmente ao longo da história da colisão.

A história geológica e sedimentar da Bacia de Bengala está intimamente relacionada com a desagregação da Gondwanaland no início do Cretáceo, o desenvolvimento do Oceano Índico, a colisão da placa indiana com a placa euro-asiática e a ascensão das cordilheiras dos Himalaias e do Arakan-Yoma-Chin (Graham *et al.,* 1975; Krishnan, 1982; Alam, 1989; Curray *et al.*, 1983; Shamsuddin e Abdullah, 1997).

2.1.1.1 Cenário tectónico e geologia

O quadro tectónico, a história geológica, a estratigrafia e os recursos naturais da Bacia de Bengala foram estudados e descritos por vários trabalhadores (Bakhtine, 1966; Sengupta, 1966; Raju, 1968; Holtrop e Keizer, 1970; Alam, 1972; Hoque, 1974; Bakr, 1977; Guha, 1978; Alam e Khan, 1980; Khan, 1978; Khan, 1980; Zaher e Rahman, 1980; Khan, 1982; Khan e Akhter,

1982; Khan e Muminullah, 1980 e 1988; Alam, 1988; Alam, 1989; Khan, 1989; Alam *et al.,* 1990; Khan, 1991a; Reimann, 1993; Shamsuddin e Abdullah, 1997; Khan e Akhter, 1999; Nandy, 2001; e Khan, 2002).

Com base nos resultados de levantamentos geofísicos, cartografia geológica e dados de sondagens, a parte do Bangladesh da bacia de Bengala pode ser dividida em duas grandes divisões (a) a plataforma de Rangpur (também conhecida como "plataforma indiana" ou "plataforma estável") e (b) a profundidade de Bengala (Reimann, 1991; Khan, 2002). A Plataforma de Rangpur é ainda subdividida em três zonas: (i) a parte elevada do complexo basal, a "Sela de Rangpur", (ii) a vertente norte da sela, o "Fundo dos Himalaias" e (iii) a vertente sul da sela, a "Plataforma de Bogra" (Figura 2.2).

A zona de profundidade dos Himalaias ocupa uma pequena parte do norte do Bangladesh, formada pela vertente norte da sela de Rangpur. Esta zona representa a extensão meridional da zona profunda dos Himalaias, formada ao longo do sopé das colinas durante a orogenia dos Himalaias. O complexo basal pré-cambriano forma uma estrutura semelhante a uma crista este-oeste, com cerca de 100 quilómetros de largura, designada por Sela de Rangpur, que se encontra apenas a cerca de 130 m abaixo da superfície (Zaher e Rahman, 1980). Inclina-se num ângulo baixo para sudeste, formando a plataforma de Bogra.

A Zona de Dobradiça, com cerca de 25 km de largura e tendência NE-SW, separa a Plataforma de Bogra e o Fundo de Bengala. Passa por Calcutá (Estado indiano de Bengala Ocidental), Pabna e Mymensingh e vira para leste, encontrando-se finalmente com a falha E-W de Dauki (Nandy, 2001). A sudeste da zona de charneira, os leitos mergulham comparativamente num ângulo mais elevado *(20°* ou mais), indicando falhas profundas no subsolo. Pode representar o declive continental do Cretáceo Superior ao Eocénico Superior.

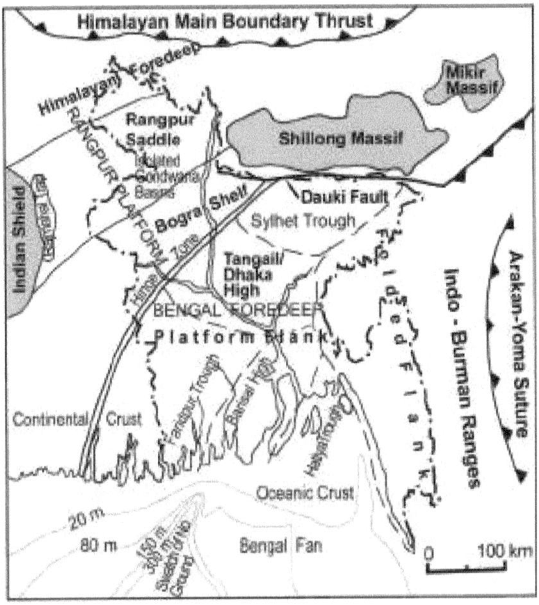

Figura 2.2 Mapa tectónico do Bangladesh (segundo Khan, 2002).

A sudeste da zona de charneira situa-se a zona profunda de Bengala, uma região de grande subsidência da crosta, que acumula sedimentos espessos. O anteprojeto de Bengala foi subdividido em duas grandes zonas tectónicas: (i) o "flanco da plataforma", basal profundo, desdobrado ou suavemente dobrado, e (ii) o "flanco dobrado", que inclui as regiões montanhosas dos Chittagong Hill Tracts, dos distritos de Chittagong e Sylhet. Com base em levantamentos gravimétricos e magnéticos, bem como em dados de sondagens (Bakhtine, 1966; Guha, 1978; Khan, 1980; Zaher e Rahman, 1980; Alam, 1989; Shamsuddin e Abdullah, 1997; Nandy, 2001), o flanco da plataforma foi subdividido em vários vales e planaltos. São eles o vale de Faridpur, o alto de Barisal, o vale de Hatia, o vale de Sylhet e o alto de Tangail-Dhaka.

O flanco dobrado da barragem de Bengala indica alterações estruturais significativas no subsolo, como demonstrado pelas mudanças bruscas na topografia. A zona é caracterizada pelas cadeias montanhosas de tendência norte-sul dos Chittagong Hill Tracts, Chittagong e Sylhet, ao longo da margem oriental do anteprojeto de Bengala, que pertencem à extensão ocidental da cadeia Arakan-Yoma-Chin. As estruturas são constituídas por um

série de dobras alongadas duplamente mergulhantes numa disposição em escalão. As dobras são frequentemente do tipo caixa, falhadas e alargadas para oeste e formam gradualmente anticlinais suaves para características sedimentares quase planas no flanco da plataforma. Os sedimentos são maioritariamente argilosos e arenáceos, de idade Neogénica; a espessura dos sedimentos atinge 8000 m ou mais em alguns locais.

2.1.1.2 Estratigrafia

Aproximadamente 85% do Bangladesh está subjacente aos depósitos deltaicos e aluviais do sistema fluvial Ganges-Brahmaputra-Meghna (Alam *et al.*, 1990; Umitsu, 1993). Estes formaram a Bacia de Bengala com 5-22 km de espessura (Curray *et al.*, 1983) desde o início do Terciário. As sequências estratigráficas da Plataforma de Rangpur pré-cambriana coberta de aluviões e das zonas de Bengala Foredeep (Tabela 2.1) foram construídas a partir de dados de perfuração e de levantamentos geofísicos. Devido à falta de fósseis adequados nos sedimentos, as idades atribuídas apresentadas na sucessão estratigráfica generalizada baseiam-se em correlações estratigráficas.

2.1.2 Bacia do Surma

A bacia de Surma, também conhecida como calha de Sylhet ou parte setentrional da bacia de Bengala, é limitada a norte pelo planalto de Shillong, separado pelo sistema de falhas de Dauki, de tendência E-W. Trata-se de uma sub-bacia tectonicamente complexa da Bacia de Bengala. A bacia funde-se com a bacia principal de Bengala para além de 90° E de longitude. Caracteriza-se por uma grande anomalia gravitacional negativa e fechada (-85 mgals) e tem elevações topográficas mínimas de cerca de 2 m, com numerosos pântanos e lagos. Ainda está a subsidiar ativamente (Alam *et al.*, 1990). A subsidência da Bacia de Surma está a ser compensada pelos sedimentos trazidos para a área pelos rios que fluem do norte e do leste. Os dados de refração sísmica indicam que a bacia pode conter cerca de 18 km de sedimentos na zona mais profunda (Hiller e Elahi, 1984). Johnson e Alam (1991) mencionaram que a sequência sedimentar (Tabela 2.2) na Bacia de Surma tem uma espessura total de cerca de 12,70-18,87 km. A subsidência pós-Miocénica da bacia de Sylhet é atribuída à carga tectónica resultante do empurrão para sul do planalto de Shillong ao longo da falha de Dauki (Uddin e Lundberg, 2004).

Tabela 2.1 Sucessão estratigráfica generalizada da Bacia de Bengala (a idade indica o início do Tempo Geológico, modificado de Khan, 2002).

Inconformidade, E = precoce, M = médio, L = tardio

Geological Age (absolute age shown in the left column)			Group	Formation	Lithology
.01		Holocene		Alluvium	Sand, clay, peat
1.8		Pleistocene		Madhupur	Claystone, sandstone
3.6	L	Pliocene		Dihing	Sand & claystones
5.3	E			Dupi Tila	Sand & claystones
	L	Miocene	Tipam	Girujan	Shale & sandstone
11				Tipam	Sandstone & shale
16	M		Surma	Boka Bil	Shale & sandstone
24	E			Bhuban	Sandstone & shale
28	L	Oligocene	Barail	Bogra	Sandstone & shale
34	E				
37	L	Eocene	Jaintia	Kopili	Sandstone, shale and limestone
49	M			Sylhet Limestone	Limestone
55	E				
61	L	Paleocene		Tura	Sandstone, shale and coal
65	E				
142		Cretaceous		Sibganj Trapwash	Sandstone with volcanic materials
206		Jurassic		Rajmahap Trap	Basalt
248		Triassic			
290		Permian	Gond-wana	Paharpur	Feldspathic sandstone, shale and coal
				Kuchma	Sandstone,grit & coal
354		Carboniferous			
417		Devonian			
443		Silurian			
495		Ordovician			
545		Cambrian			
>545		Pre-Cambrian		Basement Complex	Gneiss, granodiorite, quartz diorite, schist

Tabela 2.2 Sucessão estratigráfica da área da Bacia de Surma (Após Johnson e Alam, 1991). ----------- Inconformidade

Geological Age	Formation	Thickness
Pleistocene	Dupi Tila Formation	upto 6375
Pliocene	Tipam Sandstone	
Miocene	Surma Group Boka Bil and Bhuban Formations	3100m
Oligocene	Barail Formation	800-1000m
Eocene	Kopili Formation and Sylhet Limestone	600-800m
Paleocene to Cretaceous	Undifferentiated Cretaceous and early Tertiary rocks	5000m?
Jurassic	Sylhet Traps and rift volcanics	?

2.1.3 Falha de Dauki

A margem sul do planalto de Shillong forma uma monoclina que mergulha de forma bastante acentuada nas planícies de Bengala. Ao longo do seu eixo, a monoclina é dividida pela falha de Dauki, de tendência E-W, uma zona de falha com 5 ou 6 km de largura. A natureza do movimento da falha ao longo da zona da falha de Dauki foi analisada de forma diferente por vários grupos de trabalhadores. Evans (1964) postulou um grande movimento de deslizamento dextral ao longo da falha de Dauki, principalmente para explicar a lacuna Garo-Rajmahal. Krishnan (1982) menciona a falha como uma falha transcorrente dextral. Recentemente, alguns trabalhadores postularam que a zona da Falha de Dauki é uma falha de impulso para norte, retomando a ideia de Oldham para explicar o modelo de rutura do Grande Terramoto de Shillong de 1897.

Murthy *et al.* (1969) consideram a falha de Dauki como um sistema de falhas este-oeste e identificaram quatro falhas. As falhas mudam de geometria: de oeste para leste, são de ângulo elevado invertido para vertical e para uma monoclina. Em todas as falhas do sistema de Dauki, o bloco setentrional é derrubado; a altura atual do planalto de Shillong deve-se à elevação repetida ao longo do sistema de falhas de Dauki durante um longo período de tempo.

Seeber e Armbruster (1981) concluíram que os grandes movimentos de elevação do Planalto de Shillong ao longo da Falha de Dauki, provavelmente no início do Miocénico, influenciaram grandemente o padrão de sedimentação.

Molnar (1987), com base em interpretações da sismotectónica da região, interpretou a falha de Dauki como uma sobrecarga. Hiller e Elahi (1984) consideraram a Falha de Dauki como uma falha normal dirigida para sul. Hiller (1988) pôde provar que o alcance máximo do sistema de falhas atinge 18 km na metade oriental, enquanto o alcance diminui significativamente para oeste. Johnson e Alam (1991) consideraram-na como uma falha de impulso de baixo ângulo (5-10°) orientada para norte. Alam *et al.* (2003) discordam de ambas as interpretações e sugerem que a Falha de Dauki deve ser considerada como uma falha de impulso ascendente (por exemplo, Murthy *et al.*, 1969; Molnar, 1987; Chen e Molnar, 1990). Reimann (1993) interpreta este sistema de falhas como o resultado de tensões verticais causadas por complexos de subducção ao longo das margens sul e norte desta parte do Cratão Indiano, e a libertação destas forças de tensão combinadas ocorreu ao longo da Falha de Dauki. Também se pode concluir logicamente que, como sugerido por Lohmann (1995), a Falha de Dauki é, a maior profundidade, uma falha inversa de alto ângulo, mas perto da superfície uma aparente falha de deslizamento de ataque lateral à direita. No entanto, estudos recentes (Bilham e England, 2001) sugerem que o planalto de Shillong é uma estrutura de elevação delimitada por duas falhas inversas, a falha de Oldham a norte e a falha de Dauki a sul. Uddin e Lundberg (2004) interpretam um empurrão para sul ao longo da falha de Dauki. Biswas e Grasemann (2005) concluíram que a Falha de Dauki é uma falha inversa de ângulo elevado, com um mergulho para norte. Concordaram também que não se trata de uma falha de características únicas, mas sim de uma zona de falhas multicomponentes e observaram um empeno local dextral e sinistral. É evidente agora que o comportamento tectónico da Falha de Dauki está sujeito a várias interpretações e o resultado deste estudo é discutido numa secção posterior do trabalho.

2.1.4 Planalto de Shillong

O planalto de Shillong, considerado parte do escudo peninsular indiano, inclui os montes Garo, Khasi e Jaintia. As colinas Mikir situam-se a nordeste, numa área isolada. Abrange cerca de $4x10^4$ km^2 área (Biswas e Grasemann, 2005). O planalto, com uma elevação máxima de 2000 m, é dominado por gneisses arqueanos (Nandy, 2001), xistos e granitos, com uma direção geral de foliação NE-SW. As rochas marinhas do Cretáceo ocorrem ocasionalmente com xistos e material carbonoso. Nas colinas de Garo, assentam numa plataforma gnáissica e são compostas por arenitos com algumas camadas de carvão. Nas colinas de Khasi e Jaintia, os leitos basais são conglomeráticos, aos quais sucede a formação Mahadek, constituída por arenitos glauconíticos duros e grosseiros, com um horizonte fossilífero perto do topo. A esta formação sucede a formação Langpur, constituída por calcário impuro, xistos calcários e arenitos. Os leitos do Cretácico têm declives suaves, mas mergulham abruptamente nos flancos meridionais sob o aluvião a sul. A formação Tura (Paleocénico) é constituída por arenitos e xistos e por finas camadas de carvão, seguindo-se o calcário numulítico do calcário Sylhet (Eocénico). Seguem-se alternâncias da Formação Kopili, que inclui xisto, carvão fino, calcário fino e arenito fino. Estes leitos são também fossilíferos (Wadia, 1975). Muitas partes da encosta sul têm a cobertura do solo desnudada até ao leito rochoso (Starkel, 1972). Estes são os resultados combinados da elevação, da dissecação profunda, da sazonalidade das chuvas e da desflorestação no planalto de Shillong (Starkel, 1998).

O planalto de Shillong é caracterizado por uma série de falhas/linhas de cisalhamento, das quais as principais são as falhas de Dudhnoi e Kulsi com tendência N-S (Nandy, 2001), a zona de cisalhamento de Barapani com tendência NE e vários lineamentos NE-SW e N-S. A superfície do planalto de 2 km de altura é constituída por rochas do Arqueano e rochas equivalentes situam-se a 4-5 km abaixo do nível do mar a norte e a sul do planalto (Bilham e England, 2001). O tempo de elevação do planalto de Shillong foi inferido a partir de um engrossamento da litologia dos sedimentos que começa no Plioceno. Das *et al.* (1995) concluíram que a extremidade sul do planalto de Shillong se tem vindo a elevar ao longo do tempo. O planalto é limitado a oeste pelo fosso Garo-Rajmahal, através do qual corre o rio Brahmaputra, controlado pela falha de Jamuna.

2.2 GEOLOGIA DA ZONA DE ESTUDO

2.2.1 Geologia

A geologia da área foi estudada por muitos autores (Zaher, 1970; Islam, 1985a & b; Rahman e Islam, 1985a & b; Khan, 1991b; Alam, 1988; Islam e Alam, 1992). O arenito Tura do Paleoceno é a rocha mais antiga exposta na zona, encontrando-se em Takerghat, Sunamganj, Bangladesh. Ao longo da fronteira do grande distrito de Mymensingh, os sedimentos Tipam e Dupi Tila

formam as pequenas cadeias de colinas e séries de colinas circulares e alongadas (Khan, 1991b). A sul da colina encontram-se os leques aluviais e as planícies aluviais dos rios Jamuna e Brahmaputra Velho, bem como a depressão.

O resíduo argiloso de Madhupur e o aluvião de Chandina (aluvião de Mymensingh) cobrem uma pequena área a sul do antigo rio Brahmaputra. Estas superfícies estão cobertas de areia não consolidada, silte e argila.

2.2.1.1 Estratigrafia

A sucessão estratigráfica generalizada da área de estudo é apresentada na tabela 2.3 e as descrições das unidades geológicas superficiais são apresentadas abaixo.

Tabela 2.3 Sucessão estratigráfica generalizada da área de estudo.
----------Inconformidade

Geological Age	Formation	Lithology
Holocene	Piedmont Deposits and Floodplain Deposits Chandina Alluvium/ Mymensingh Alluvium	Gravel, sand, clay, peat
Pleistocene	Madhupur Clay Residuum	Claystoneand sandstone
Pliocene	Dihing	Sandstone and claystone
	Dupi Tila	Sandstone and claystone
Miocene	Tipam Sandstone	Sandstone and shale
Eocene	Sylhet Limestone	Limestone
Paleocene	Tura Formation	Sandstone and shale

Compilado de: Zaher, 1970; Islam, 1985a & b; Rahman e Islam, 1985a & b; Khan, 1991b; Islam e Alam, 1992.

2.2.1.1.1 Formação Tura

As rochas da Formação Tura estão expostas nas porções oeste, sul e sudoeste da colina de Takerghat de Tahirpur Upazila do distrito de Sunamganj. Consiste na alternância de arenitos finos a grosseiros, cinzentos, castanhos, cor-de-rosa e brancos, maciços a muito mal acamados, com estrias ocasionais de materiais carbonosos, arenitos ferruginosos, lamas brancas sujas, xistos cinzentos e castanhos claros. A sua direção é NE-SW com um mergulho de 14°-70° para NW (Zaher, 1970).

2.2.1.1.2 Calcário de Sylhet

O calcário Sylhet está exposto em pequenas exposições em Takerghat, perto da fronteira, em Tahirpur Upazila, no distrito de Sunamganj, e encontra-se numa série de furos de sondagem. Sobrepõe-se confortavelmente à Formação Tura e consiste em calcário superior cinzento a castanho claro, articulado, fracturado e duro com fósseis, especialmente nummulites e assilina, e calcário inferior de tipo silicífero cinzento claro a escuro (Zaher, 1970).

2.2.1.1.3 Arenito Tipam

A formação está exposta na parte norte de Durgapur Upazila do distrito de Netrakona. É composta por arenitos, siltitos e xistos alternados. O arenito é de grão médio a grosseiro, castanho-amarelado a castanho escuro com bandas brancas sujas. O siltito é cinzento e de dureza média. O xisto é cinzento e geralmente torna-se amarelo-acastanhado. É micáceo (Islam, 1985b).

2.2.1.1.4 Formação Dupi Tila

As rochas da Formação Dupi Tila estão expostas nas colinas isoladas que se estendem do rio Mahadeo, a leste, até Jhenaigati, a oeste. É composta por arenitos alternados, siltitos, argilas arenosas e siltosas e argilas. A inclinação das rochas varia de 45° a 50° na direção SSW (Islam, 1985a). O arenito é amarelo, maciço a espesso, moderadamente consolidado, e varia de grão fino a grosso. O siltito branco-acinzentado e cinzento-claro, com camadas finas, ocorre alternadamente com o arenito e a argila (Islam e Alam, 1992). A argila branca ocorre em várias camadas (0,30 a 8,53 m de espessura) em Bijoypur e nos arredores de Durgapur (Islam, 1985b), enquanto ocorre como lentes na área de Haluaghat.

2.2.1.1.5 Formação de Dihing

A Formação Dihing está exposta ao longo da margem direita do rio Jadukata, nas zonas de Takerghat, Haluaghat e Nalitabari. É constituída por areia castanha, amarela e branca, média a grossa, angular a subangular, argila cinzenta e castanha clara, xisto cinzento, arenito ferruginoso castanho e duro. Contém materiais vegetais parcialmente decompostos em alguns locais (Rahman e Islam, 1985a & b). Na zona de Haluaghat, estão presentes camadas finas de laterite (Islam e Alam, 1992). Em Balijuri, no distrito de Sherpur, é constituído por xisto, castanho a castanho-amarelado e arenito de grão fino a grosseiro e arenito de seixos (Islam, 1985a). O arenito de seixos está exposto nas colinas da zona de Nalitabari.

2.2.1.1.6 Resíduo de argila de Madhupur

A unidade é composta por argila siltosa vermelha e silte argiloso que se transforma em argila siltosa arenosa mosqueada amarela ou silte argiloso.

2.2.1.1.7 Aluviões de Chandina (Aluviões de Mymensingh)

Os sedimentos são semelhantes aos das planícies aluviais activas, mas estes estão pouco oxidados. Estão presentes evidências de fraco desenvolvimento do solo. Os sedimentos formaram-se no terraço de Mymensingh.

2.2.1.1.8 Depósitos de leques aluviais

Os leques aluviais desenvolvidos pelos rios Dhamalia, Jadukata, Moheshkhola, Mohadeo, Lengura, Someswari, Nitai, Bhugai, Thalang, Marisi, West Someswari e outros pequenos rios formam uma vasta planície de piemonte. Os depósitos do piemonte (1,5 a 3 m de espessura) consistem em areia fina a grossa, cinzenta e castanha, misturada em alguns locais com materiais turfosos; argila arenosa a siltosa, argila amarelada a castanha. Os rios Jadukata, Mahadeo e Someswari transportam cascalho, que se encontra na parte apical dos leques aluviais. Com base no desenvolvimento do solo, interpreta-se que os depósitos de piemonte da parte ocidental da área de estudo são ligeiramente mais antigos do que os da parte oriental. Os depósitos da parte ocidental podem ser divididos em três partes. A parte inferior consiste principalmente em argila de cor cinzenta, cinzenta clara e amarela clara, com uma espessura que varia entre 0,15 e 1,83 m. Areia e silte de grão muito fino com mica também estão presentes em quantidade subordinada. A parte intermédia, com uma espessura de 0-2,13 m, é constituída por argila arenosa, areia argilosa e areia. É amarela, amarela clara, cinzenta clara e cinzenta, muito fina a muito grossa, sub-angular a sub-arredondada. A areia vítrea ocorre como lentes irregulares e pequenas nesta parte. A parte superior é constituída por argila siltosa, argila arenosa e areia de cor amarela clara e cinzenta clara e espessura que varia entre 0,15 e 2,59 m (Islam, 1985a).

2.2.1.1.9 Depósitos de planície de inundação

Com base na morfologia da planície de inundação e nas variações litológicas, os depósitos são subdivididos em depósito de dique natural, depósito de planície de inundação, depósito de pântano, depósito de canal abandonado e depósito de barra. Estes depósitos são constituídos por argila, silte e areia.

O depósito natural do dique consiste em areia não consolidada, silte e silte arenoso, de cor cinzenta amarelada a cinzenta azulada. O depósito da bacia de inundação cobre a maior parte da área de estudo e é constituído por silte cinzento-amarelado a cinzento, silte argiloso e areia-silte-argila. Os depósitos de pântano invertido encontram-se nas depressões (bils), que são muito comuns na área. O depósito de pântano é constituído por argila, argila siltosa e matérias vegetais turfosas e semi-decompostas. Estes são geralmente de cor castanha amarelada escura a cinzenta escura. As conchas de moluscos são comuns à superfície. Os depósitos do canal abandonado consistem maioritariamente em areia, mas uma fina camada de argila e silte é depositada na areia. Os principais rios da área de estudo têm barras de canal. Estas barras são constituídas por areia de grão grosso a médio, angular a subangular. A cor da areia é cinzenta a amarelo muito claro. Os depósitos de fendas são encontrados ao longo dos principais rios. Os depósitos consistem em areia grossa a fina de cor cinzenta.

Capítulo 3

MATERIAIS E METODOLOGIA

3.1 MATERIAIS

Neste estudo, foram interpretadas diferentes imagens de satélite e fotografias aéreas, mapas topográficos e de planeamento de irrigação para detetar e identificar as assinaturas neotectónicas. Foram utilizados dados sísmicos instrumentais e registos históricos dos sismos para verificar a relação entre a sismicidade e a geologia, caso exista. Foram recolhidos dados sobre o nível da água e a descarga de sedimentos de diferentes rios que atravessam a frente da montanha, bem como dados sobre a precipitação. Foram incorporados dados de GPS. Os registos litológicos foram estudados quanto às propriedades texturais e de engenharia dos sedimentos. Os pormenores dos dados utilizados no estudo são apresentados a seguir.

3.1.1 Imagem Landsat MSS, TM e ETM+

a) Para a elaboração do mapa de lineamentos do país, foi utilizado o mosaico em papel MSS FCC que mostra os tipos de utilização dos solos e os principais tipos de cobertura dos dados Landsat adquiridos em fevereiro e março de 1984, abrangendo todo o Bangladesh, publicados à escala de 1:1.000.000 pela Organização de Investigação Espacial e de Deteção Remota (SPARRSO).

b) Imagem MSS em papel, Bandas 5 e 7, Escala 1: 250.000

Caminho e linha: 137/43

Data de aquisição: 10 de fevereiro de 1985.

Estas imagens foram utilizadas para preparar mapas geomorfológicos e de drenagem da área de estudo.

c) Cópia impressa de TM, imagem FCC, escala 1: 400.000

Ano de aquisição 1988.

Esta imagem foi interpretada visualmente para preparar o mapa geomorfológico da área de estudo.

d) Dados digitais TM e ETM+

Bandas 1-5, 7 e 8

Caminho e linha: 136/043

Datas de aquisição: i) 26 de novembro de 1991; ii) 1997; iii) 28 de fevereiro de 2000

iv) 2003.

Estas imagens têm sido utilizadas para estudos neotectónicos e deteção de alterações.

3.1.2 Imagem pancromática SPOT

Cópia impressa, Pan, Escala 1 : 50.000

Datas de aquisição: 6 de janeiro de 1989; 20 de março de 1989; 11 de janeiro de 1990;

21 de fevereiro de 1990 (em datas diferentes em partes diferentes).

Através da interpretação visual de imagens, foram estudadas a geomorfologia e a geologia, e foram detectadas assinaturas neotectónicas.

3.1.3 Imagem SAR Radarsat

Dados digitais, ScanSAR Wide

Datas de aquisição: i) 10 de setembro de 1998; ii) 25 de outubro de 2000; iii) 20 de setembro de 2002.

Estas imagens foram utilizadas para o estudo da geomorfologia e da geologia com o objetivo de detetar assinaturas neotectónicas.

3.1.4 Fotografia aérea

Fotografias aéreas, às escalas de 1: 30.000 e 1: 50.000, tiradas em 1975 e 1984, respetivamente, foram interpretadas apenas para partes seleccionadas da área de estudo.

3.1.5 Mapa

a) Foram utilizadas cartas topográficas (1967 e 1972) que cobrem a área de estudo à escala de 1 : 50 000 publicadas pelo Survey of Bangladesh.
b) Foram interpretados mapas geológicos, de anomalias de gravidade de Bougeur e aeromagnéticos (1990) publicados pelo Serviço Geológico do Bangladesh à escala de 1: 1.000.000. Para algumas áreas limitadas, foram também utilizados mapas de planeamento da irrigação, publicados em 1961, à escala de 1: 40.000 com um intervalo de contorno de 5 pés.
c) Foram igualmente consultados os mapas geofísicos de Hunting Geology (1980) e Geological Survey of India (2000).

d) Foram consultados os mapas do solo e da forma do terreno de Nakla e Sherpur Sadar Thanas do distrito de Sherpur, e Sharishabari Thana do distrito de Jamalpur, à escala de 1:50.000, publicados pelo Soil Resource Development Institute (SRDI, 1990, 1991a, 1991b).

3.1.6 Dados de sismos

a) Dados instrumentais

Os dados sobre os epicentros dos sismos foram descarregados do sítio Web do Centro Nacional de Informação sobre Sismos (NEIC) do Serviço Geológico dos EUA e de publicações sobre a Determinação Preliminar de Epicentros (PDE) do Serviço Geológico dos EUA, de tempos a tempos.

b) Registos históricos

As descrições dos sismos passados foram recolhidas de literatura publicada, cujas referências são apresentadas no final.

3.1.7 Dados dos sistemas de posicionamento global (GPS)

Foram utilizados dados GPS recolhidos durante um ano em 6 estações: Dhaka, Chittagong, Rajshahi, Khulna, Sylhet e Patuakhali. Os dados foram fornecidos pelo Departamento de Geologia da Universidade de Dhaka.

3.1.8 Dados de temperatura, precipitação e nível de água

Foram utilizados dados recolhidos em algumas estações seleccionadas dos rios Bhugai, Nitai, Someswari e Jadukata pelo Bangladesh Water Development Board. Os dados relativos à precipitação desde 1960 foram fornecidos pelo Departamento Meteorológico do Bangladesh.

3.1.9 Registo litológico

Foram estudados vários registos litológicos efectuados nas zonas de Mymensingh, Bakhshiganj, Dhobaura, Haluaghat e Kalumakanda.

3.2 METODOLOGIA

A interpretação e a classificação de diferentes dados de deteção remota (fotografia aérea; Landsat MSS, TM e ETM+; SPOT pancromático, Radarsat Synthetic Aperture Radar) foram efectuadas para estudar a geomorfologia detalhada da área, utilizando técnicas padrão de interpretação de imagens visuais, bem como técnicas de interpretação de imagens digitais. As imagens estão nas escalas de 1:30.000; 1:50.000; 1:250.000 e 1:400.000. Os trabalhos de tratamento digital das imagens foram efectuados com o software ILWIS 2.2 (ITC, 1998). A partir dos resultados das interpretações visuais das imagens, foram detectadas assinaturas neotectónicas na geomorfologia da área. Posteriormente, foram efectuados levantamentos de campo em diferentes partes da área de estudo para verificar os resultados, efetuar medições, estudar sedimentos e solos, recolher amostras e entrevistar a população local. Foi apresentado um modelo concetual sobre as actividades neotectónicas que ocorrem na área, integrando informações extraídas de dados de deteção remota e dados topográficos, sísmicos, climáticos, de solos e de campo, dados de análises laboratoriais e dados de GPS. Foi também feita uma avaliação da adequação destas imagens, adquiridas em diferentes comprimentos de onda do espetro eletromagnético, para estudos neotectónicos num terreno sedimentar macio numa região tropical húmida como o Bangladesh. A metodologia de trabalho é apresentada na figura 3.1.

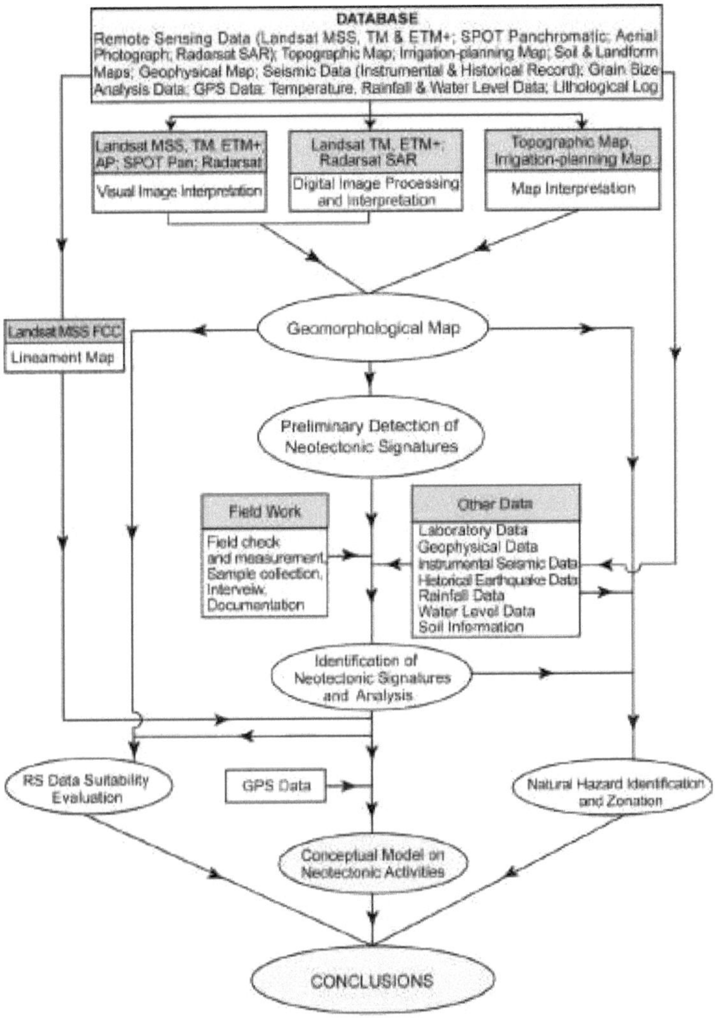

Figura 3.1 Diagrama de fluxograma que mostra o procedimento de trabalho.

Capítulo 4

TERRAMOTOS E ANÁLISE SÍSMICA

4.1 SISMICIDADE

A teoria da tectónica de placas explica o padrão geográfico desigual de sismos significativos em todo o mundo, o que proporciona uma perspetiva unificada da dinâmica global e da orogénese. Esta perspetiva, combinada com uma visão moderna da sismicidade mundial a partir de dados instrumentais e históricos, permite a estimativa do perigo gerado por sismos. Requer a extrapolação do passado para que a previsão do futuro possa ser efectuada utilizando uma forma do princípio geológico do uniformitarismo.

O Bangladesh está rodeado por regiões de elevada sismicidade (Figura 4.1, Apêndice 1). Embora os epicentros da maioria dos grandes sismos se situem para além da fronteira do Bangladesh, afectam igualmente o país devido à sua continuidade morfotectónica (Figura 4.2). A sismicidade do país está profundamente relacionada com o comportamento tectónico no Bangladesh e nos seus arredores (Khandoker, 1989), com a subducção da placa indiana sob a placa euro-asiática a norte. A área entre 88° E e 98° E longitudes, e 20° N e 31° N latitudes que cobrem a região experimentou 974 eventos de terramotos com magnitudes >4 durante o período 1964-1993 (Nandy, 2001). Na maioria dos casos, a profundidade do foco é de cerca de 33 km. A sul da zona da Falha de Dauki na Bacia de Surma, a incidência de sismicidade é moderadamente alta e há uma série de eventos prejudiciais (GSI, 2000; Folha 14).

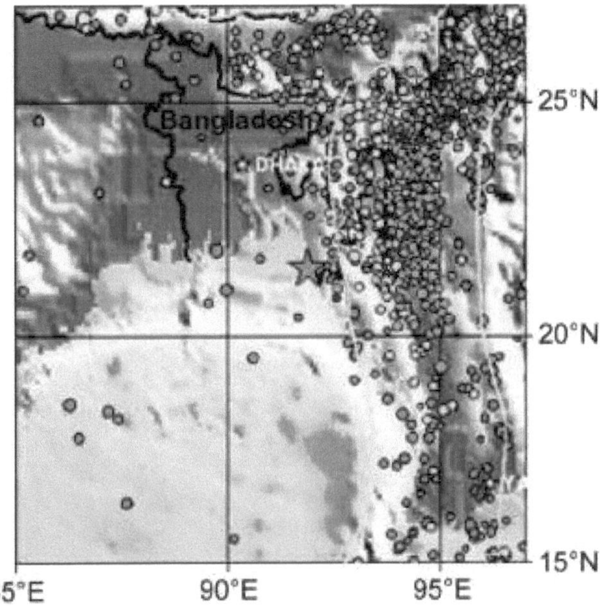

Figura 4.1 Mapa mostrando a sismicidade no Bangladesh e arredores. Os círculos são epicentros de terramotos e a estrela mostra o epicentro do terramoto de Moheshkhali de 22 de julho de 1999 (http:www.neic.cr.usgs.gov).

4.2 SISMOS HISTÓRICOS

As vastas planícies aluviais dos rios Jamuna, Brahmaputra, Meghna e Ganges são susceptíveis a terramotos e, no passado, foram amplamente afectadas pela liquefação induzida por terramotos e pelas falhas de solo associadas. Durante os últimos 255 anos, o Bangladesh sofreu nove grandes terramotos (Quadro 4.1) que ocorreram no país e nos seus arredores. Para além destes, ocorreram também vários terramotos (terramotos de 1787, 1825, 1828, 1833, 1846), mas não existem relatos pormenorizados destes terramotos.

4.2.1 Terramoto de Arakan (1762)

Um terramoto muito destrutivo e violento foi sentido em toda a Bengala, Arakan e, mais severamente, na parte norte da costa oriental da Baía de Bengala. Oldham (1882) descreveu que, em Dhaka, a água subiu tão subitamente que arrastou centenas de barcos e muitas vidas se perderam. Chittagong sofreu gravemente com a formação de aberturas na terra. A água jorrava como uma fonte. Diz-se que sessenta quilómetros quadrados ficaram permanentemente submersos.

Quadro 4.1 Principais terramotos ocorridos no Bangladesh e arredores desde 1762.

Earthquakes	Date	Magnitude	Location
1. Arakan	2 Apr., 1762	>8?	Arakan
2. Cachar	10 Jan., 1869	7.5	Jaintia Hills, Assam, India
3. Bengal	14 July, 1885	7.0	Manikganj, Bangladesh
4. Great Assam	12 June, 1897	Mb 8.7	Shillong Plateau, Assam, India
5. Srimangol	18 July, 1918	Mb 7.6	Srimangol, Bangladesh
6. Dhubri	3 July, 1930	Mb 7.1	Dhubri, Assam, India
7. Bihar-Nepal	15 Jan., 1934	8.3	Bihar (India)-Nepal
8. Assam	15 Aug., 1950	Mb >8	Assam, India
9. Cachar	30 Dec., 1984	Mb 5.6	Cachar, Assam, India
10. Sikkim	18 Sep., 2011	6.9	Sikkim, India
11. Gorkha	25 Apr., 2015	M 7.8	Gorkha, Nepal

4.2.2 Terramoto de Cachar (1869)

O limite exterior do tremor sentido por este terramoto estendeu-se por uma área de cerca de 6,65,000 quilómetros quadrados. Oldham (1882) deduziu que o trajeto epicentral era de 5-6 km de largura, 32-48 km de comprimento, com tendência E15° N- W15° S, situado em torno da intersecção da latitude 26OO'N e 92°40'E, situado na fronteira norte de Jaintia Hills. Embora não tenha sido dada qualquer ideia sobre a magnitude no livro de memórias (Oldham, 1882), Nandy (2001) inferiu que a magnitude do terramoto poderá ter sido superior a 7. No distrito de Sylhet, água e areia preta macia foram ejectadas das fissuras durante o terramoto e durante algum tempo depois (Ministry of Cabinet Affairs, 1975).

4.2.3 Terramoto de Bengala (1885)

thEste terramoto foi sentido violentamente em toda a província de Bengala (incluindo o Bangladesh) a 14 de julho de 1885 (Middlemiss, 1885). Estendeu-se por uma grande área de Assam, Monipur, Sikim e Bihar da Índia, Myanmar e Butão. No Bangladesh, foram registadas destruições de edifícios nos distritos de Rangpur, Bogra, Sherpur, Mymensingh, Dhaka e Pabna. Em Sirajganj, o abalo veio de sudeste ou sul-sudeste e, em

Mymensingh, de sul-sudoeste. Abriram-se fissuras terrestres em Sirajganj, Subornkhali, Jamalpur e alguns outros locais. O epicentro localizou-se a uma longitude de 90° 6'30 "E e a uma latitude de 23° 59'20 "N.

4.2.4 Grande Terramoto de Assam (1897)

O grande terramoto de Assam ocorreu a 12th de junho de 1897. Oldham (1899) referiu que o abalo foi de sul para norte. Foi acordado com outros observadores que o primeiro e grande abalo durou 40 a 50 segundos. Em Shillong, as estradas e as encostas racharam em todas as direcções. Pedaços de detritos de encostas caíram das margens íngremes dos vales, transportando consigo árvores e vegetação rasteira, e ficaram marcados como manchas de terra vermelha na colina.

Em Kaunia, Rangpur, o nível da água do rio Dharla subiu 0,90 m imediatamente após o terramoto. Em Mymensingh, o nível da água do rio Brahmaputra subiu para 1,22 m e em Jamalpur para 1,5-1,8 m. Em Bogra, foi relatado que os níveis da água dos rios subiram todos de 0,3 a 1,22 m e que todos voltaram a descer no decurso dos três ou quatro dias seguintes.

Os aluviões mais antigos (Madhupur Clay e Barind Clay Residuum) escaparam por toda a parte à fissuração ou à formação de aberturas de areia, devido à sua maior compactação e à ausência de leitos de areia solta e aquosa.

Também se registaram deslizamentos de terras e fissuras no vale de Mahadeo, em Assam. Os deslizamentos de terras desenvolveram-se de forma mais visível ao longo do extremo sul das colinas de Garo e Khasi (pouco a oeste de 91 oE).

Por toda a parte, nos distritos de Sylhet e Sunamganj, as margens dos rios foram fissuradas e afectadas (Oldham, 1899).

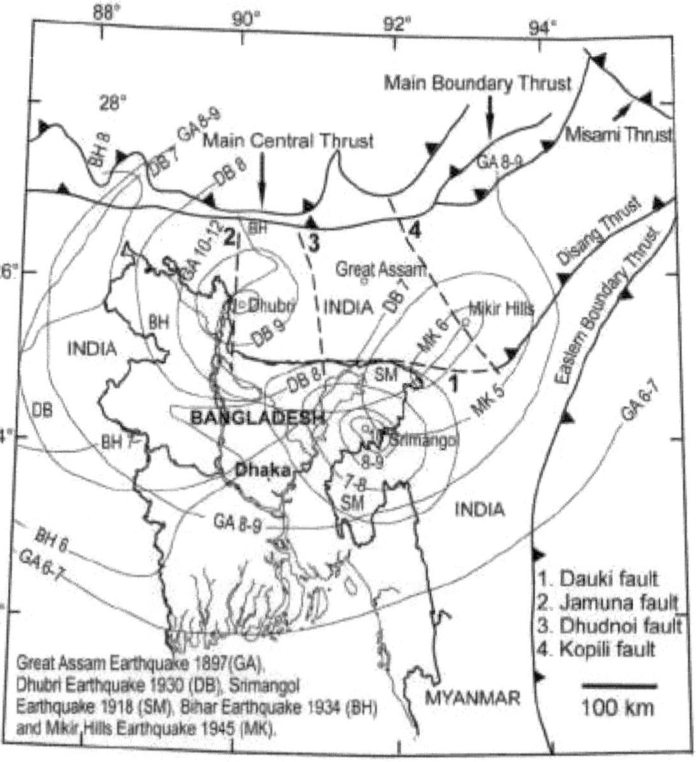

Figura 4.2 Mapas isossísmicos de grandes terramotos no Bangladesh e arredores (Modificado após Nandy, 2001).

Em Mymensingh, o terramoto foi muito forte e os danos causados foram enormes. Quase todos os edifícios de pucca foram pelo menos parcialmente destruídos e muitos ficaram completamente em ruínas. Assumiu-se que a direção de propagação da onda sísmica era aproximadamente NE a SW. Em Mymensingh e arredores, o solo estava fissurado em numerosos sítios. Na maior parte destas fissuras, a areia e a água foram forçadas a sair e escorreram pelos campos. A fissuração foi também acompanhada pelo afundamento do solo, frequentemente em grandes áreas. Todos os rios mais pequenos tiveram os seus leitos revolvidos em alguns locais. A maior parte das cisternas e dos poços destas regiões estavam mais ou menos assoreados.

Nandy (2001) referiu que a descarga de areia, o enchimento dos canais fluviais, tanques, poços e todos os tipos de depressões e escavações eram mais intensos e conspícuos na zona de terras baixas situada entre o sopé das

Garo Hills e o rio Brahmaputra, entre os meridianos 90° E e 91 E.°

4.2.5 Terramoto de Srimangol (1918)

O terramoto ocorreu a 18th de julho de 1918 e a sua magnitude foi de 7,6 na escala de Richter. O choque durou quase um minuto e foi sentido por toda a gente. Stuart (1920) mostrou que a área epicentral estava no vale de Balisera e parcialmente no vale de Doloi. O foco situa-se a uma profundidade de cerca de 12,9 a 14,5 km abaixo da superfície. A direção do terramoto parecia ser nordeste e sudoeste em Jamalpur (Stuart, 1920). Foram registadas fissuras no solo com direção este-oeste, variando entre 15 cm de largura e 30 cm de profundidade, em vários locais do vale Doloi. Em alguns locais, foi projectada areia azul e, ao mesmo tempo, jorrou água a vários metros de altura. Com poucas excepções, todos os edifícios de tijolo foram destruídos nesta zona. Os dois lados dos acessos à ponte Doloi foram afundados pelo menos 30 cm. De facto, toda a área em redor desta ponte foi consideravelmente afundada. No caminho de ferro Assam-Bengala, os principais danos foram a fratura dos pilares e dos encontros das pontes Doloi, Manu e Sutang. Em Maulvi Bazar e Habiganj, os edifícios de tijolo foram danificados. Em Sylhet, o choque principal parece ter sido na direção E-W, mas foram também causados danos consideráveis na direção N-S.

Na cidade de Mymensingh, vários edifícios e muros velhos e frágeis foram rachados e, em alguns locais, derrubados. A velha ponte ferroviária de Brahmaputra não sofreu danos. Em Netrakona, os danos deveram-se quase exclusivamente ao aluimento de terras. Muitos dos poços da cidade encheram-se de areia e água e transbordaram. A ponte ferroviária de Netrakona ficou danificada devido ao aluimento das margens do rio. Em Jamalpur, a direção parecia ser nordeste e sudoeste. Não foram causados grandes danos, embora tenham surgido pequenas fissuras nalguns edifícios governamentais (Stuart, 1920).

4.2.6 Terramoto de Dhubri (1930)

Uma grande parte do nordeste da Índia foi afetada por atividade sísmica durante a madrugada de 3rd de julho de 1930 (Gee, 1934) com uma magnitude de

1.1.1 na escala de Richter. A posição do epicentro foi fixada na intersecção da latitude 25° 57'N e da longitude 90° 0'E. A área perturbada pelo terramoto de Dhubri é provavelmente da ordem dos 8,33,980 quilómetros quadrados.

Nas imediações de Dhubri e Gauripur (cerca de 6,5 km a oeste de Dhubri), os aterros fissuraram e desmoronaram parcialmente, provocando o afundamento e a distorção da via. A linha férrea também foi afetada. Formaram-se numerosas fissuras de tendência E-W no solo aluvial, das quais jorraram areia e água até uma altura de alguns metros. Os poços da localidade transbordaram e foram assoreados pelas aluviões arenosas trazidas de baixo. O nível da água do rio Brahmaputra perto de Dhubri terá subido temporariamente de 0,6 para 0,9 m.

4.2.7 Terramoto Bihar (Índia)-Nepal (1934)

O terramoto ocorreu na tarde de 15 de janeiro de 1934. Foi sentido numa área de aproximadamente 49.20.000 quilómetros quadrados em todo o subcontinente indiano e no Tibete (Officers of the Geological Survey of India, 1939). Teve uma magnitude de 8,4 e a intensidade máxima observada foi X, com uma profundidade de foco de 14,8 km. A perda de vidas foi quase inteiramente confinada à zona central. Os danos foram consideráveis ao longo das margens dos rios e nas zonas baixas alagadas que os ladeiam. No Bangladesh, o terramoto foi sentido em Thakurgaon, Dinajpur, Bogra, Naogaon, Pabna, Rajshahi, Tangail, Mymensing, Netrakona, Dhaka, Khulna, Pirojpur, Barisal. Nestes locais, as paredes dos edifícios sofreram fissuras. O terramoto foi igualmente sentido em Natore, Satkhira, Bagerhat e Narail, mas não foram registados danos em edifícios.

4.2.8 Terramoto de Assam (1950)

Este terramoto ocorreu na tarde de 15 de agosto de 1950, com epicentro no extremo norte da Índia. Este terramoto causou grande destruição. As réplicas do terramoto também continuaram durante um longo período (Khan, 1991b). A área que sofreu os maiores danos em vidas e propriedades foi de 39.000 quilómetros quadrados. O terramoto foi acompanhado por todos os efeitos de superfície habituais, como enormes fissuras que descarregam areia e água, subsidência do solo em algumas áreas e elevação de outras áreas, alterando a drenagem do país e causando grandes inundações (Wadia, 1975). Imediatamente após o choque, vários afluentes importantes do rio Brahmaputra foram bloqueados.

4.2.9 Terramoto de Cachar (1984)

Nandy (2001) descreveu os danos do terramoto de Cachar, que se limitou apenas ao território indiano. Em Assam, na Índia, infligiu danos consideráveis numa pequena área ao longo do curso inferior do rio Sonai, perto da sua confluência com o rio Barak. Foram desenvolvidas extensas fissuras no terreno. De acordo com várias estimativas, a profundidade focal varia entre 2 e 33 km (Agarwal, 1986). Não foi citado na publicação qualquer registo de danos no território do Bangladesh.

4.2.10 Sismos recentes

Nos últimos anos, as ocorrências de terramotos aumentaram nas áreas do cinturão dobrado nas partes sudeste do Bangladesh. A sismicidade nesta zona sugere um encurtamento da crosta terrestre (Hossain, 1988). Os terramotos notáveis que ocorreram nos últimos anos são o terramoto de Chittagong de 1997 (magnitude 6,0 na escala de Richter), o terramoto de Moheshkhali de 1999 (magnitude 5,2 na escala de Richter) e o terramoto de Barkal de 2003 (magnitude 5,09 na escala de Richter). Estes terramotos causaram danos em vidas e propriedades. Algumas zonas do país foram abaladas pelo terramoto de Mymensingh de 2008 (magnitude 4,9 na escala de Richter) e pelo terramoto de Matlab de 2010 (magnitude 4,9 na escala de Richter), que tiveram o seu epicentro no território do Bangladesh, mas não causaram danos.

No entanto, uma série de terramotos abalou quase todo o Bangladesh na presente década (Alam, 2014; Alam, 2016; Alam e Ahsan 2016). São eles o terramoto de Sikkim (Índia) de 18 de setembro de 2011 (88,06°N, 27,72°E; 6,9), o terramoto de Gorkha (Nepal) de 25 de abril de 2015 (28,1°N, 84,6°E; 7,8) e o terramoto de Manipur (Índia) de 04 de janeiro de 2016 (24,4°N, 93,5°E; 6,7). No Bangladesh, treze pessoas morreram devido a ferimentos, afundamento de barcos, desabamento de paredes e ataque cardíaco, e seis pessoas morreram de ataque cardíaco em diferentes partes do país devido ao terramoto do Nepal e ao terramoto de Manipur, respetivamente (Alam e Ahsan, 2016; Alam, 2016). Embora não se tenham registado danos graves nas infra-estruturas, o impacto mais significativo destes acontecimentos foi a situação de pânico generalizado entre a população. Além destes, o terramoto de Mawlaik (Myanmar) de 24 de agosto de 2016 (21,0°N, 94,4°E; 6,8) e o terramoto de Dhalai (Índia) de 3 de janeiro de 2017 (24,1°N, 91,9°E; 5,7) abalaram as regiões sudeste e nordeste do país. O último terramoto gerou fissuras no solo na zona de Sylhet. Uma observação geral é que, nos últimos tempos, a frequência das ocorrências de sismos aumentou no sul e no sudeste do país.

4.3 ANÁLISE SÍSMICA

As rochas arqueanas do maciço de Shillong podem acomodar uma maior tensão, pelo que, após acumulação durante muito tempo, é libertada uma grande tensão que resulta em sismos de maior magnitude. Além disso, esta parte está relativamente longe da fronteira de placas. No entanto, pode ocorrer aqui um ajustamento devido aos movimentos das placas. Por outro lado, as rochas fracturadas e relativamente mais macias de idade terciária da cintura dobrada do sudeste não são capazes de acumular tensões, pelo que estas rochas libertam energia após o desenvolvimento de tensões baixas, resultando em sismos de magnitude média a baixa. Além disso, o flanco dobrado está próximo do limite da placa.

As actividades sísmicas revelam informações significativas sobre o tectonismo de uma área. O padrão de distribuição de terramotos e as ocorrências de terramotos em profundidade na área de estudo e nas suas imediações durante um período de 1764 a 2001 foram considerados para análise sísmica. O padrão de distribuição de sismos mostra que os sismos não estão apenas concentrados ao longo da direção E-W, mas também ao longo das direcções N-S, *por exemplo,* em torno das longitudes 91°E e 91°15'E (Figura 4.3). Observa-se que a topografia, a geomorfologia e a geologia dos leques aluviais dentro da área de estudo mostram uma relação estreita com estas concentrações de sismos alinhados N-S. Os cruzamentos de algumas das concentrações direccionadas E-W e N-S dentro da área de estudo podem ser vistos na figura 4.3. Das *et al.* (1995) interpretaram um número de fracturas orientadas N-S no Planalto de Shillong e algumas das quais atravessam a zona da Falha de Dauki. Kayal (1987) observou que alguns epicentros de terramotos estão alinhados com a proeminente falha N-S de Dhudnai indicando atividade recente. Mais uma vez, ao aproximar-se para leste, a concentração, *ou seja,* a ocorrência de sismos aumenta (Alam, 2001), bem como a profundidade do foco (Figura 4.4).

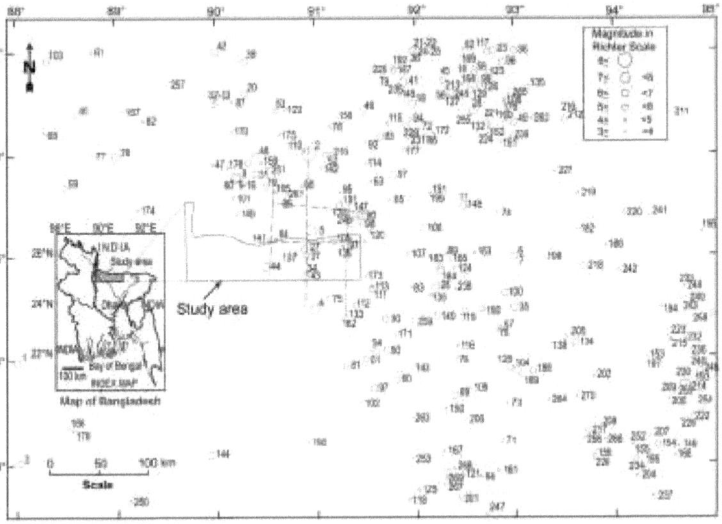

Figura 4.3 Padrão de distribuição dos sismos na área de estudo e nas suas imediações.

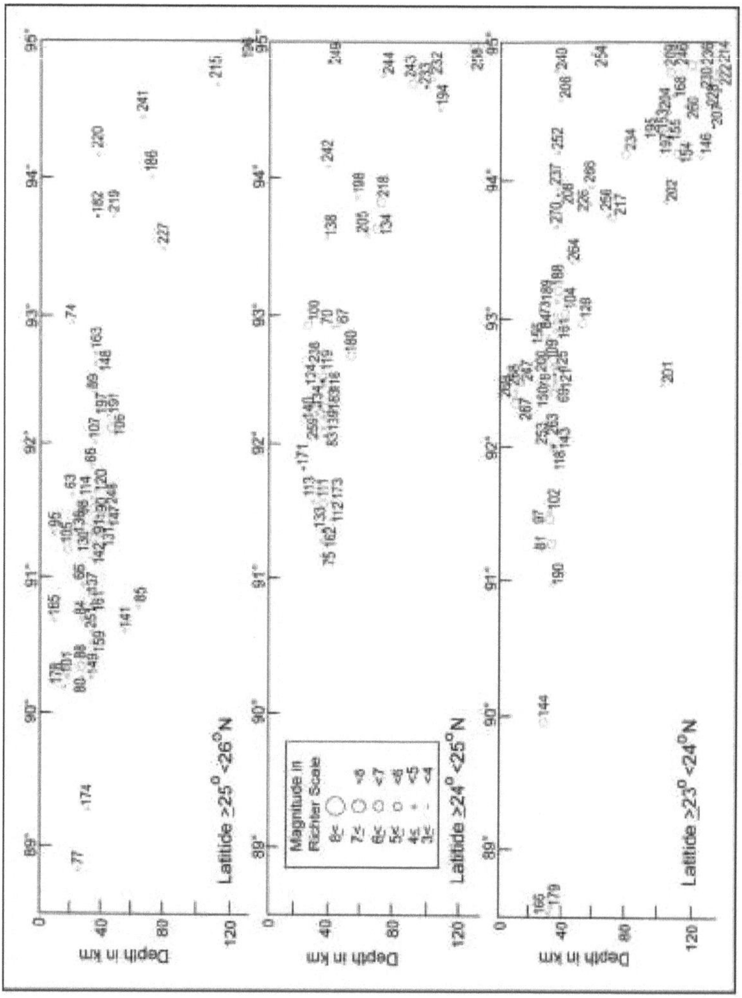

Figura 4.4 A distribuição dos sismos dentro e à volta do local de estudo mostra a profundidade do foco.

Os sismos profundos indicam atividade tectónica profunda (Das *et al.*, 1995). Em geral, para além de 93°E de longitude, a profundidade é superior a 100 km. No entanto, os sismos pouco profundos podem causar maiores danos em áreas onde existem sedimentos macios e altamente permeáveis e lençóis freáticos pouco profundos.

Capítulo 5

ANÁLISE DE DADOS DE DETECÇÃO REMOTA

5.1 CARACTERÍSTICAS DOS SENSORES UTILIZADOS

No presente estudo foram utilizadas imagens de deteção remota aéreas e espaciais. O comportamento espetral de diferentes imagens e a cobertura de área destes dados de teledeteção são apresentados nas figuras 5.1 e 5.2, respetivamente. A tabela 5.1 apresenta as características dos sistemas de sensores espaciais. A interpretação de imagens de teledeteção tem sido feita tanto por técnicas de interpretação visual de imagens como por técnicas de interpretação digital de imagens. Neste estudo, foi dada maior ênfase à interpretação visual de imagens. A interpretação visual de imagens é a forma mais intuitiva de extrair informação de imagens de deteção remota (Janssen, 2001). As imagens de deteção remota no infravermelho visível (VIR) e de radar de abertura sintética (SAR) têm sido amplamente utilizadas em estudos geológicos. Devido às suas diferentes características físicas, fornecem dados complementares que podem ser aplicados com sucesso nos domínios da cartografia geológica e da geologia estrutural (Ricchetti, 2001). Existem muitas vantagens na utilização de dados de múltiplas fontes e frequências para a cartografia de características físicas (Blumberg *et al.*, 2004).

O mosaico Landsat MSS FCC (1:1.000.000) foi interpretado para o estudo dos lineamentos numa perspetiva regional. As bandas 5 e 7 do Landsat MSS (1:250.000) e TM FCC (1:400.000) foram utilizadas para obter uma visão sinóptica da geomorfologia, do padrão de drenagem e dos lineamentos da área de estudo. Digital Landsat ETM+ e cópia impressa SPOT Panchromatic (1:50,000)

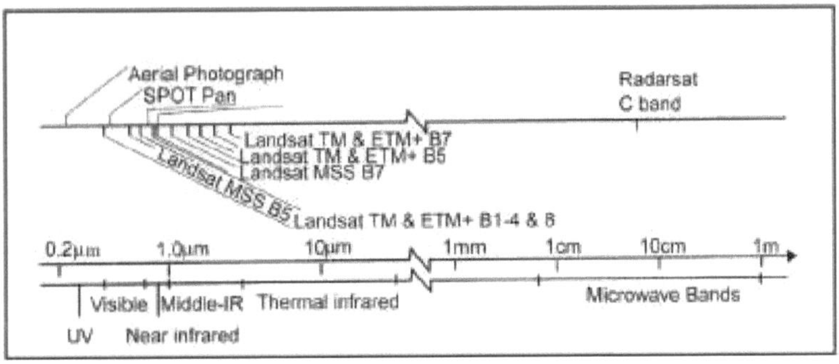

Figura 5.1 Características espectrais dos dados de deteção remota utilizados neste estudo.

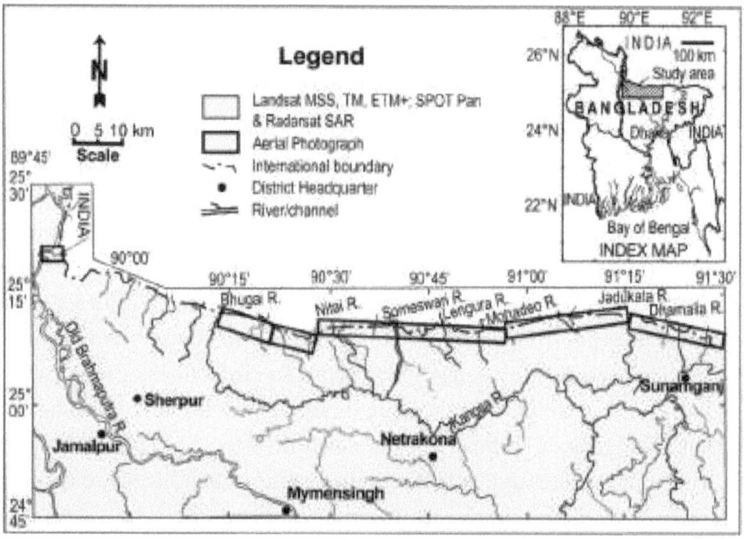

Figura 5.2 Mapa da área de estudo mostrando a cobertura de vários dados de deteção remota.

foram utilizadas para cartografia geomorfológica de pormenor, deteção de assinaturas neotectónicas e deteção de alterações. Foram utilizadas imagens digitais multidata de Radarsat SAR para determinar a sua adequação à cartografia geomorfológica e geológica num clima tropical húmido. Foram estudadas fotografias aéreas (1:30.000 e 1:50.000) em partes seleccionadas da área de estudo para obter informações detalhadas com vista tridimensional.

5.2 INTERPRETAÇÃO DE IMAGENS VISUAIS

Os elementos de interpretação de imagens visuais incluem a localização, o tamanho, a forma, a sombra, o tom e a cor, a textura, o padrão, a altura e a profundidade, e o local, a situação e a associação (Jensen, 2000; Drury, 1993). Para a avaliação do relevo, são também considerados a topografia, o padrão e a textura da drenagem, a erosão e a utilização do solo (Lilliesand e Kiefer, 2000).

Tabela 5.1 Características dos sistemas de sensores utilizados no estudo.

Satellite	Sensor	Band	Wavelength	Pixel Size	Altitude
Landsat	MSS	Band 4	0.5-0.6 µm	79 x 79 m	919 km
		Band 5	0.6-0.7 µm	79 x 79 m	
		Band 6	0.7-0.8 µm	79 x 79 m	
		Band 7	0.8-1.1 µm	79 x 79 m	
	TM and ETM+	Band 1	0.45-0.51 µm	30 x 30 m	705 km, sun-synchronous
		Band 2	0.52-0.60 µm	30 x 30 m	
		Band 3	0.63-0.69 µm	30 x 30 m	
		Band 4	0.75-0.90 µm	30 x 30 m	
		Band 5	1.55-1.75 µm	30 x 30 m	
		Band 6	10.40-12.5µm	120 x120m	
		Band 7	2.08-2.35 µm	30 x 30 m	
		Band 8	0.52-0.90 µm	15 x 15 m	
SPOT	HRV	Pan	0.51-0.73 µm	10 x 10 m	832 km, near polar, sun-synchronous
Radarsat	SAR	C-band	5.6 cm HH Polarization	50 x 50 m	798 km, near polar, sun-synchronous

(Referência: Jensen, 2000).

O comprimento de onda das fotografias aéreas varia entre 0,3 e 0,9 iim no espetro eletromagnético.

5.2.1 Mapeamento de lineamentos

Lineamento é o nome dado pelos geólogos a linhas ou arestas, de presumível origem geológica, visíveis em imagens de deteção remota. Mas alguns lineamentos nem sempre correspondem a características físicas observáveis (Campbell, 1997).

Durante esta interpretação, as linhas no mapa foram desenhadas onde i) mudança acentuada de tom, ii) mudança acentuada no curso do rio, iii) um número de curvas do rio ao longo de uma determinada direção, iv) direção dos principais cursos de rio, v) limite acentuado e reto ao longo de um corpo de água, vi) marcas de corte reto (encontradas na parte sudeste do país), vii) anomalias na rede de drenagem (Panizza e Castaldini, 1987) foram observadas.

Foi elaborado um mapa de lineamentos do Bangladesh através da interpretação visual de uma cópia impressa do mosaico Landsat MSS FCC

(SPARRSO, 1984) à escala de 1:1.000.000. Os diagramas de rosa mostram que o comprimento dos lineamentos se concentra ao longo das direcções N50°E, N20°W e N35°E, enquanto o número de lineamentos se concentra ao longo das direcções N50°W e N50°E.

A densidade de lineamentos é elevada na cintura dobrada e mais baixa na parte sudoeste. Quase não foi possível identificar lineamentos nas zonas florestais de Sundarban, situadas na parte sudoeste do país, provavelmente porque a zona é neotectonicamente menos ativa (Alam, 2003). As regiões tectonicamente activas apresentam maior intensidade de lineamentos do que as zonas tectonicamente calmas (Biswas e Grasemann, 2005).

Através da interpretação visual das imagens Landsat MSS, TM e ETM+, e SPOT Pancromático, foi elaborado um mapa de lineamentos da área de estudo (Figura 5.3). A maioria dos lineamentos são de tendência NW-SE e muitos são de tendência NE-SW. Mas também foram detectados alguns lineamentos de tendência E-W, especialmente na parte leste da área de estudo. Provavelmente estes lineamentos são a expressão da Falha de Dauki.

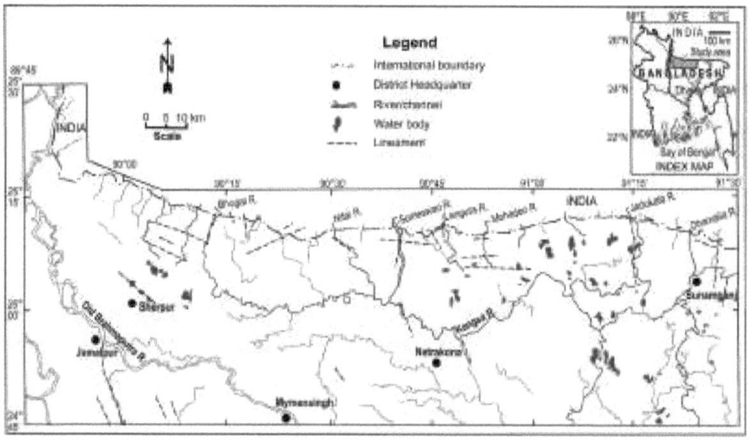

Figura 5.3 Mapa da área de estudo mostrando os principais lineamentos interpretados a partir de diferentes imagens de deteção remota.

5.2.2 Cartografia Geomorfológica

A análise neotectónica exige uma abordagem diferente no caso das planícies aluviais, onde o deslocamento ou a deformação do leito rochoso está diretamente coberto por uma espessura notável de sedimentos recentes não consolidados. Do ponto de vista morfológico, as formas de relevo numa planície aluvial estão essencialmente ligadas à sedimentação fluvial e aos processos erosivos. O ambiente geomórfico definido por processos (McCalpin, 1996), isto é, a cartografia geomorfológica, foi recentemente aplicado à neotectónica (Goy *et al.*, 1988; Zuchiewicz, 1989). Os movimentos neotectónicos podem ser identificados através do estudo da evolução do sistema de drenagem (Panizza e Castaldini, 1987). Na área de estudo, a rocha basal encontra-se a mais de 10 km de profundidade (GSI, 2000). Assim, as características das formas de relevo, o padrão e textura da drenagem, a sedimentação e o seu padrão foram considerados para a análise neotectónica neste estudo.

Nas páginas seguintes, são descritos os resultados das interpretações de imagens visuais de diferentes dados de deteção remota. As fotografias aéreas foram interpretadas apenas para áreas seleccionadas, por exemplo, leques aluviais. Foram preparados mapas geomorfológicos, baseados na interpretação visual de imagens Landsat MSS e TM (FCC) em papel, cobrindo toda a área de estudo (Figuras 5.4, 5.5 e 5.6). A área de estudo está coberta por 15 imagens SPOT, mas apenas partes dos mapas geomorfológicos preparados a partir de imagens pancromáticas SPOT foram aqui incorporadas. Devido ao grande número de mapas, apenas as partes seleccionadas da área de estudo com interesse geológico são apresentadas no capítulo 7 (Figuras 7.6, 7.21, 7.24 e 7.27).

5.2.2.1 Landsat MSS (Banda 5, Escala 1: 250.000)

Nesta faixa, as superfícies geomórficas podem ser grosseiramente diferenciadas, por exemplo, colina, leque aluvial, planície de inundação e Madhupur Tract. Os limites destas unidades geomórficas não são nítidos. A vantagem da interpretação da imagem reside na identificação clara da drenagem nos leques aluviais e na planície de inundação do Brahmaputra antigo, enquanto a drenagem nas colinas do norte, no Madhupur Tract e na parte oriental da planície de inundação do Brahmaputra antigo não é claramente visível (Figura 5.4).

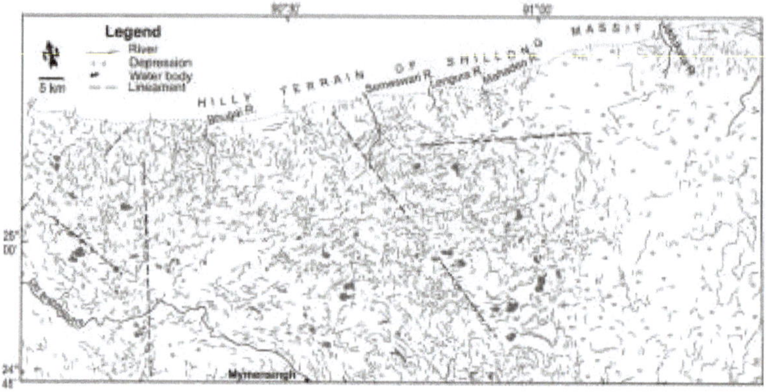

Figura 5.4 Interpretação da imagem Landsat MSS Banda 5 (10 de fevereiro de 1985) da área de estudo.

As zonas montanhosas e de depressão dão um tom escuro à imagem. O leque aluvial e o Madhupur Tract têm um tom claro. As planícies de inundação dos antigos rios Brahmaputra e Jamuna e o terraço de Mymensingh têm um tom médio a escuro com uma textura irregular. As barras pontuais do antigo rio Brahmaputra são claramente identificáveis. A zona de transição entre a planície de inundação do antigo Brahmaputra e a depressão apresenta um tom claro com uma textura rugosa. Foi aqui identificado um lineamento ao longo do rio Bhugai, que não é identificável na banda 7.

5.2.2.2 Landsat MSS (Banda 7, Escala 1: 250.000)

A área de estudo pode ser classificada em 6 unidades geomórficas nesta imagem (Figura 5.5). Cada unidade tem as suas próprias características distintas, que são descritas de seguida.

5.2.2.2.1 Colinas

A parte mais a norte da área de estudo é ocupada por colinas. As colinas dão um tom cinzento médio, uma textura irregular e uma drenagem dendrítica. No entanto, a densidade de drenagem é elevada na parte ocidental (por exemplo, na zona de Jhenaigati) e baixa na parte oriental (por exemplo, na zona de Takerghat), aumentando novamente a leste, ou seja, a leste do rio Jadukata. Na maioria dos casos, a fronteira da colina com os leques aluviais meridionais é clara. São identificáveis estruturas em forma de flâmulas e anticlinais. Identificam-se nas colinas vários lineamentos de tendência NE-SW e NW-SE, muitos dos quais passam para os leques aluviais adjacentes e até para a antiga planície de inundação do Brahmaputra. A concentração de lineamentos nas colinas é maior a oeste do rio Someswari do que a leste do rio.

5.2.2.2.2 Leques aluviais

Os leques aluviais que formam a planície piemontesa situam-se a sul das colinas e a norte da planície aluvial e da depressão (Haor). Tem um tom cinzento claro a médio. As principais drenagens são identificáveis, provavelmente porque contêm água. A fronteira com as colinas é clara devido à diferença de textura, enquanto a fronteira com a planície de inundação não é clara em todo o lado. A fronteira com a zona de depressão também é clara. A zona entre os rios Someswari e Bhugai apresenta uma textura granulosa. Existem muitas depressões na zona, que dão um tom escuro. Foram identificados vários lineamentos.

5.2.2.2.3 Planícies de inundação

Antiga planície de inundação do Brahmaputra

Esta planície de inundação pode ser subdividida em cinco subunidades, cada uma com as suas próprias características geomórficas. As subunidades foram designadas por S0, S1, S2, S3 e S4, e são apresentadas na figura 5.5. S0 contém barras e barras pontuais no leito do rio, e esta unidade dá um tom claro e tem posição e forma características. S1 situa-se na margem esquerda do rio e no lado ocidental da área de estudo. Apresenta um tom claro, textura irregular, com um canal sinuoso e algumas depressões de tom escuro. S2 também se situa na margem esquerda do antigo rio Brahmaputra. Apresenta um tom escuro e uma textura irregular com canais sinuosos, mas menos do que S1. S3 apresenta um tom escuro e uma textura irregular com uma densidade muito elevada de depressões com canais sinuosos de tom escuro, mas cuja densidade é inferior à das subunidades S1 e S2. Estes canais só são identificáveis numa extensão curta. A subunidade S4 apresenta uma tonalidade escura a muito escura, com depressões de tonalidade muito escura e numerosos canais sinuosos. Esta subunidade é uma depressão de tendência NW-SE que se situa a sul do rio Bhugai. Grandes depósitos de areia fresca identificáveis com um tom claro encontram-se no interior da depressão. Estes sedimentos provêm das colinas do norte e depositam-se na depressão após serem transportados através do leque do Bhugai. O estreitamento ou a ausência de diques naturais ao longo dos canais da depressão e a deposição de areias frescas ao longo do leque indicam que a depressão está a diminuir.

Parte oriental da planície de inundação do antigo Brahmaputra

Apresenta um tom claro com depressões e canais de tom escuro a muito escuro. A planície de inundação possui numerosas depressões de vários tamanhos e formas com canais abundantes. Aqui observam-se mudanças de canal e padrões de drenagem anastomóticos. Esta grande área também está a diminuir.

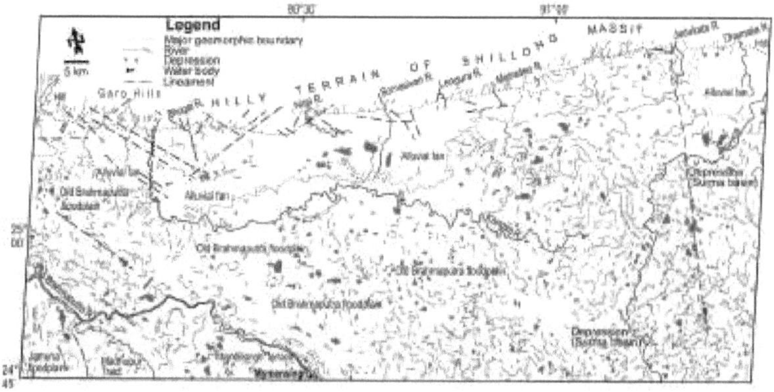

Figura 5.5 Interpretação da imagem Landsat MSS Banda 7 (10 de fevereiro de 1985) da área de estudo.

Planície de inundação do Jamuna

Apenas uma pequena parte se insere na área de estudo, que se situa no canto SW. Apresenta um tom escuro e médio, textura rugosa com canais e depressões abandonados.

5.2.2.2.4 Depressão (bacia do Surma)

Esta parte situa-se no lado NE da área de estudo e está localizada a sul dos leques aluviais. Apresenta um tom muito escuro e uma textura suave. A fronteira com outras unidades é distinta mas não regular, o que impede o traçado de uma fronteira nítida. A presença de numerosas depressões e de numerosas mudanças de canal, o padrão de drenagem anastomosado, o desenvolvimento de um dique natural fraco e as peculiaridades nas características de drenagem indicam que a área está a diminuir. Foi identificado um lineamento de tendência N-S, que atravessa a colina, o leque aluvial, a depressão e a planície de inundação ao longo da qual vários rios fazem curvas. O lineamento pode ser ligado às colinas da Cintura Dobrada de Chittagong, a SE (para além da área de estudo). O rio Surma, que entra pelo NE, corre na direção N-S através da área.

5.2.2.2.5 Terraço de Mymensingh

O terraço situa-se na margem direita do antigo rio Brahmaputra. Apresenta um tom escuro a médio e contém grandes depressões com um tom muito escuro e uma textura suave. As grandes depressões encontram-se geralmente no lado ocidental e perto do sector de Madhupur. Existem canais abandonados no terraço.

5.2.2.2.6 Zona de Madhupur

Apresenta um tom claro com uma textura granulosa. Tem limites nítidos mas irregulares com o terraço de Mymensingh e a planície de inundação de Jamuna. O trajeto contém drenagem dendrítica. Mas a drenagem não é nítida na imagem, provavelmente porque a drenagem está seca durante este período seco do ano.

5.2.2.3 Landsat TM (FCC, escala 1:400.000)

A imagem dá uma visão sinóptica muito clara de toda a área de estudo. Foram identificadas seis unidades geomórficas na imagem (Figura 5.6). As características das unidades são descritas de seguida.

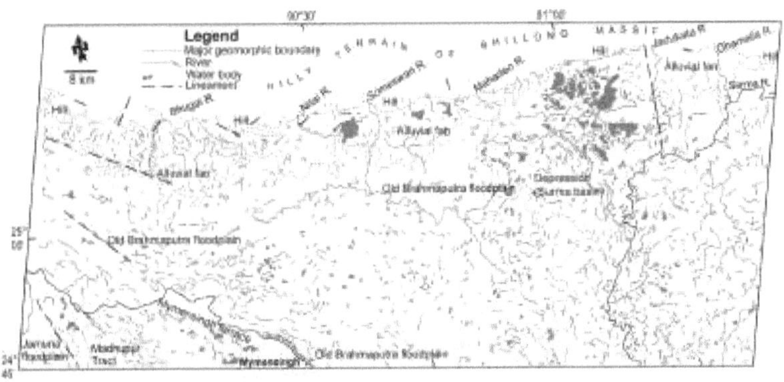

Figura 5.6 Interpretação da imagem Landsat TM false colour composite (FCC) (1988) da área de estudo.

5.2.2.3.1 . Colinas

Uma faixa muito estreita, que corre de E a W, ao longo do limite norte da área de estudo, é ocupada por colinas. Estas apresentam uma cor vermelho-tijolo e uma textura rugosa. São identificáveis os planaltos e os canais que correm para sul. Existe um forte contraste tonal entre as colinas e os leques aluviais.

5.2.2.3.2 Leques aluviais

Os leques aluviais desenvolveram-se, numa faixa de extensão E-W, no sopé das colinas. Os leques são de cor rosa claro com cicatrizes de canais abandonados. A largura dos leques aluviais diminui de oeste para leste. Perto de Takerghat, o desenvolvimento dos leques aluviais é menor, aumentando novamente a leste de Takerghat. A oeste do rio Someswari, há uma série de canais meandrantes de grande sinuosidade que atravessam o leque aluvial. A linha de fronteira entre o leque de Bhugai e a planície de inundação é irregular, enquanto as dos leques de Someswari e Mohadeo são suaves.

5.2.2.3.3 Planícies de inundação

Antiga planície de inundação do Brahmaputra

A planície de inundação é rosa azulada com uma textura irregular. Pode ser subdividida em 5 subunidades com base na geomorfologia. S0 contém barras pontuais, que são distintas com cor branca ao longo do leito do canal. S1 situa-se ao longo do curso do rio e, nalguns locais, em ambos os lados do rio. S2 situa-se perto do atual rio Brahmaputra Antigo e tem muito pouca variação de tonalidade em relação a S3. S2 tem mais canais abandonados com grande comprimento e poucas depressões com água. S3 tem menos depressões (cor vermelha) do que as da subunidade S4. S4 contém grandes depressões (cor vermelha) dentro das quais existem partes mais profundas com água. Estão presentes indícios de deslocação do canal, mas menos do que em S2.

Parte oriental da planície de inundação do antigo Brahmaputra

A parte oriental da área de estudo é ocupada por esta planície. Devido à acentuada mudança de tom (vermelho), esta unidade é facilmente separável na imagem da planície de inundação do Brahmaputra e da superfície do piemonte. São também identificáveis canais abandonados e lagos em arco.

Planície de inundação do Jamuna

Uma pequena porção da planície de inundação do Jamuna situa-se na zona de estudo, a oeste do sector de Madhupur. Apresenta uma cor azul com uma textura rugosa, irregular e irregular, provavelmente devido à humidade da terra e à depressão que contém água. Observam-se algumas zonas vermelhas que podem dever-se ao cultivo. Na imagem, são identificáveis canais abandonados e um lago em forma de arco de boi.

5.2.2.3.4 Depressão (bacia do Surma)

Uma vasta área de depressão situa-se a sul dos leques aluviais na parte oriental da área de estudo. A depressão (bacia de Surma) aparece preta e lisa na imagem devido à presença de água e o limite é nítido. Estas massas de água têm formas e tamanhos diferentes. Os canais no interior da depressão são identificáveis pelo seu tom claro. Trata-se, na sua maioria, de canais meandrantes de baixa sinuosidade. A depressão contém numerosos canais abandonados e lagos em arco, e apresenta um padrão de drenagem anastomosado e outras peculiaridades no padrão de drenagem. O rio Surma é muito claramente identificável pelo seu tom escuro, textura suave e morfologia caraterística.

5.2.2.3.5 Terraço de Mymensingh

Esta unidade situa-se a sudoeste da antiga planície de inundação do Brahmaputra. Apresenta um tom verde azulado e uma textura irregular. Mas a irregularidade é superior à da planície de inundação do Jamuna. Na imagem são identificáveis canais abandonados. A maior parte deles tem um declive em direção a SE. Estes canais abandonados não são tão claros como na planície de inundação do Brahmaputra antigo.

5.2.2.3.6 Zona de Madhupur

Uma pequena parte do Madhupur Tract insere-se na área de estudo, no lado sudoeste. Apresenta um tom rosa claro a rosa esverdeado claro e uma textura irregular. São identificáveis na imagem vales secos e largos. A fronteira entre o território e as áreas circundantes é claramente identificável na imagem devido ao seu tom claro distinto.

5.2.2.4 SPOT Pancromático (Escala 1:50.000)

A área de estudo está coberta por 15 folhas de imagens SPOT-1 Pan à escala de 1:50.000. Devido ao grande número de mapas, apenas as partes seleccionadas da área de estudo que têm interesse geológico são apresentadas na tese no capítulo 7. Diferentes unidades geomórficas são claramente identificáveis na imagem. Foram identificadas as seguintes unidades: a) colinas, b) leques aluviais, c) planícies aluviais dos rios Jamuna e Brahmaputra Antigo, d) depressão, e) terraço de Mymensingh e f) Madhupur Tract. As características das imagens das diferentes unidades são descritas a seguir. As descrições são dadas de acordo com a geomorfologia e, por conveniência, são também indicados os nomes das áreas com as localizações geográficas (Figura 1.1).

5.2.2.4.1 Colinas

Ao longo da parte norte da área de estudo, uma estreita faixa de tendência E-W das colinas Garo-Khasi-Jaintia cobre uma pequena área a norte de Jhenaigati, Nalitabari, Haluaghat, Durgapur, Lengura, Kalumakanda, Takerghat e Sunamganj (Figura 1.1). As colinas têm um tom cinzento a escuro; textura granulosa, áspera a irregular, com drenagem dendrítica. Foram interpretados vários lineamentos nas colinas das zonas de Jhenaigati e Nalitabari. Na zona de Haluaghat, a drenagem é dendrítica a paralela com elevada densidade. As colinas na zona de Kalumakanda apresentam flatirons distintos. Perto do rio Jadukata, são claramente identificáveis os leitos e os flancos.

5.2.2.4.2 Leques aluviais

Zona de Jhenaigati-Nalitabari-Haluaghat (25° 05'N-25° 15'N e 90° 00'E-90° 30'E)

O leque aluvial apresenta uma tonalidade cinzenta e uma textura suave a irregular. Estão presentes canais de fluxo aproximadamente N-S. Os canais abandonados e activos são, na sua maioria, meandrantes. Os canais abandonados são identificados pelo seu tom cinzento médio e textura suave, com diques naturais proeminentes com textura em blocos, tom cinzento escuro e natureza alinhada com os canais. As evidências de deslocação do rio são claras. Nalguns locais são encontradas fendas, diagnosticadas com um padrão de drenagem caraterístico e sedimentos de tom claro.

Existem 3 grandes rios meandrantes nesta área, que são meandrantes. O mais ocidental, ou seja, o rio Bhugai, atravessa completamente a planície do piemonte, enquanto os rios Thalang e Marisi desaparecem a meio da superfície. Muitos canais abandonados são identificáveis na imagem, mas é difícil seguir a sua continuidade em muitos casos. O rio Bhugai é muito sinuoso e possui diques naturais e barras de apoio bem desenvolvidos. As peculiaridades deste rio são: i) quando entra na planície de inundação, não tem barras pontuais e diques naturais, mas mantém um curso sinuoso, embora os laços de meandro sejam pouco soltos e ii) não tem depósitos de fendas. No entanto, os rios Thalang e Marisi têm depósitos de fendas. O rio Bhugai tem 3 cursos abandonados e 3 confluências também deslocadas para sul. O rio Marisi tem 6 cursos abandonados antes do seu curso atual, que se situam a leste, e tem dois cursos antigos a oeste. Isso indica que ele subiu até o curso mais a oeste e depois está retornando para o leste. Existem pequenos cursos de água sinuosos e incisos, um de cada lado do rio Bhugai, mas que correm para sul sobre a superfície do piemonte sem se juntarem ao rio Bhugai.

Todos os canais abandonados a oeste do rio Bhugai no leque aluvial fluem geralmente para sudoeste. A maioria deles vira à direita em ângulos obtusos antes de entrar na planície de inundação. Os pontos de viragem dos canais podem ser mostrados como seguindo um alinhamento (Figura 7.7).

Toda a drenagem na superfície do piemonte tem uma direção N-S, mas foi reconhecido um riacho muito pequeno na parte NW com uma direção E-W. Há uma série de depressões na superfície do piemonte com alongamento N-S, e estas são secas, o que é identificado pelo tom cinzento claro.

Foram identificados três tipos de canais de drenagem no leque aluvial.

> 1st tipo--Canal largo abandonado com dique natural bem desenvolvido. 2nd tipo--Canal estreito e sinuoso com barras pontuais distintas.
>
> 3rd type--Small tightly meandered and incised channels.

Zona de Durgapur (25°07'N-25°12'Ne90º 30'E-90º 45'E)

O Someswari é o principal rio proveniente das colinas e forma um leque aluvial grande e assimétrico, cujo lóbulo ocidental é mais pequeno do que o lóbulo oriental. O regime superior do rio é entrançado, a parte média é meândrica de baixa sinuosidade e a parte inferior é rectilínea. Depois de entrar na planície a partir das colinas, as partes entrançadas e abandonadas do rio Someswari desenvolvem diques naturais bem definidos, mas o seu curso inferior atual não tem diques naturais.

No lado oeste do rio Someswari há um pequeno riacho que flui no sentido NE-SW, que é incisivo e tem um padrão angular. Este tipo de padrão angular é também observado na parte mais a oeste, mas é muito pequeno e não pode ser facilmente identificado na imagem.

No lado oriental do rio Someswari, podem ser identificados 5 cursos abandonados. Estes cursos corriam aproximadamente na direção E-W e eram aproximadamente paralelos uns aos outros. O curso mais a norte (provavelmente o mais antigo) é apertado e uniformemente sinuoso, com um dique natural bem desenvolvido. Os outros cursos são também meandrantes mas pequenos e não têm diques naturais bem desenvolvidos. A sua deslocação pode ser episódica, devido, provavelmente, a um levantamento ou a uma inundação.

Foi detectado um lineamento de tendência NE-SW que atravessa o rio Someswari. Na parte superior, duas barras terminam no lineamento e, na parte inferior, um pequeno canal segue-o.

O número de canais abandonados neste leque é inferior ao da zona de Jhenaigati-Nalitabari-Haluaghat, ou seja, o leque de Bhugai, incluindo o leque de Nitai. Os leques de Bhugai e Someswari estão ligados na base das colinas, mas separados a sul por uma zona deprimida.

Zona de Kalumakanda (25° 03'N-25° 10'Ne 90°45'E-91°00'E)

O rio Mahadeo forma um leque simétrico. Apresenta menos indícios de canais abandonados. Os limites entre os leques Lengura, Mahadeo e Moheshkhola e a depressão são nítidos. O fornecimento de sedimentos dos dois últimos leques ultrapassa o leque indicado pelos canais.

No SW do leque de Mahadeo, podem ser vistos vestígios de diques naturais dos rios abandonados que correm no sentido NE-SW. Estes rios foram posteriormente cortados por rios mais jovens. Em resposta ao afundamento, os antigos cursos fluviais deslocaram-se para leste ou, eventualmente, registou-se uma elevação a oeste. Assim, os rios mais novos, que correm aproximadamente na direção W-E, têm uma largura mais estreita. Há uma série de pequenos canais meandrantes de alta sinuosidade presentes na depressão. A deslocação dos canais na superfície do leque é reduzida para além de 90° 45'E de longitude.

Zona de Tahirpur (25°07'N-25°10'Ne91°00'E-91°15'E)

Nesta zona, desenvolveram-se vários leques aluviais. De oeste para leste, os leques são Bata Khali, Bagalibazar, Kolgai, Charagaon, Takerghat, Pahartali e Jadukata (Figura 6.1). Os leques aluviais são muito estreitos e situam-se na parte norte da depressão. O leque de Jadukata, a NE da depressão, é grande. Os leques de Kolgai e Charagaon fundiram-se. Há indicações muito claras de subsidência ao longo da margem sul do leque. Os sedimentos frescos são muito claros e, quando se deslocam para sul, tornam-se cinzentos, indicando humidade devido à subsidência. Pode ser traçada uma linha clara de separação entre sedimentos frescos (brancos) e relativamente antigos (cinzentos). Exceto no rio Jadukata, são raras as evidências de mudança de canal nos leques.

Zona a norte de Sunamganj (25° 07'N-25° 10'Ne 9Г15'E-9Г30'E)

A parte norte da zona é coberta, de oeste para leste, pelos leques de Jadukata (parte), Dhamalia, Nokria e Nolgang. Exceto o leque de Nolgang, os outros três coalesceram na base. Não se observa nenhum curso antigo importante do rio Jadukata a leste do seu curso atual. Mas o rio Dhamalia deslocou-se em ambos os lados. Não são claras as provas de deslocação do rio nos restantes dois leques. O rio Jadukata deslocou-se principalmente no lado ocidental, provavelmente em resposta ao lineamento de tendência N-S.

Entre os leques de Dhamalia e Nokria, encontra-se um rio meândrico e incisivo de grande sinuosidade. Na sua origem, corre na direção NW-SE, mas depois faz quatro curvas em ângulo reto. Em ambos os leques, os sedimentos frescos descem para a depressão a sul.

Mas no caso dos leques mais pequenos, como Nokria e Nolgang, não há sinais de sedimentação fresca na parte distal. Em vez disso, observa-se uma indicação de subsidência ao longo de uma linha, evidenciada por um tom cinzento, provavelmente devido ao elevado teor de humidade de sedimentos finos como a argila, ou seja, o solo foi desenvolvido. A parte central do leque contém sedimentos frescos que formam um cone.

O rio Dhamalia tem quatro grandes cursos abandonados, três dos quais a oeste e um a leste. Estes cursos são meandrantes e tão largos como o curso atual. Estes cursos abandonados têm diques naturais bem desenvolvidos. Mas entre os quatro cursos, o mais ocidental e o mais oriental são os mais bem desenvolvidos.

O lóbulo ocidental do leque de Dhamalia tem cerca do dobro do tamanho do lóbulo oriental. Existem três tipos de canais identificados no leque de Dhamalia, com exceção do canal atual e do canal principal.

1st type--Old meandering channels with well-developed natural levee.

2nd type--Incised and high sinuous meandering channels with natural diquee.

3rd type--Incised and low sinuous meandering (some part straight) with almost no natural dique.

No entanto, os dois últimos tipos não são comuns. Os sedimentos frescos são observados apenas nas partes inferior e média do leque. O tom é cinzento claro a muito claro com textura em faixas.

O rio Jadukata produziu barras de vários níveis. Estas encontram-se em três elevações diferentes, identificadas a partir da imagem com o tom, a textura, a vegetação e a posição geomórfica. O rio Dhamalia tem três níveis de barras.

As características da imagem das barras são um tom muito claro sem vegetação (barra de nível mais baixo), um tom cinzento claro com pouca vegetação (barra de nível médio) e um tom cinzento claro e uma textura irregular com vegetação baixa a média e pouco povoamento (barra de nível mais alto).

5.2.2.4.3 Planícies de inundação

Zona a oeste de Garo Hills (25°15'N-25°30'N e 89°45'E- 90°00'E)

A área é ocupada pela planície de inundação do Brahmaputra. A sedimentação fresca na base das colinas não é muito clara. Mas apenas dois cursos de água provenientes das colinas transportam sedimentos frescos perto de 89° 55' E longitude. Os cursos de água provenientes das colinas correm em direção a NW para se juntarem aos canais da planície de inundação, em vez de correrem em direção a SE para manterem o declive regional.

Zona de Bakhshiganj-Diwanganj-Islampur (25°00'N-25°15'N e 89°45'E-90°00'E)

Embora a inclinação regional seja para sudeste nesta parte da planície de inundação, existem alguns pequenos cursos de água que correm para leste e se juntam ao antigo rio Brahmaputra em ângulo reto. Alguns destes canais têm um curso sinuoso, mas por uma curta distância. O antigo rio Brahmaputra tem muitas fendas.

Existem quatro superfícies situadas em quatro níveis de elevação, que têm as suas próprias características de imagem.

S3: É a superfície mais antiga e situa-se abaixo do leque aluvial. Apresenta uma topografia madura na imagem e é uma superfície erosiva. Tem um tom cinzento claro com restos de canais abandonados e diques naturais. A densidade de diques naturais na S3 é superior à da S2. Na superfície S3 estão presentes várias pequenas depressões alongadas aproximadamente N-S, de tom cinzento médio e textura suave. Estas depressões são mais pequenas do que as da S2. Provavelmente as depressões na S3 não contêm água durante todo o ano porque estão assoreadas com sedimentos das áreas circundantes. Por isso, também são pequenas.

S2: É a superfície intermédia. Apresenta um tom cinzento médio e vestígios de canais abandonados e diques naturais. A densidade de canais abandonados na S2 é superior à da superfície S3. A superfície S2 também contém depressões, mas estas são maiores do que as da superfície S3 e contêm água, que são identificadas a partir do tom escuro com textura lisa. A superfície S2 é mais húmida do que a superfície S3.

Em ambas as superfícies (S2 e S3) existem amplas evidências de deslocação lateral do rio. Existem novos cursos de água incisos que fluem da superfície S3 para a superfície S2 ao longo de canais anteriores mais largos.

S1: Esta superfície tem muitas evidências de deslocação do rio e possui diques e depressões naturais. Existem algumas peculiaridades encontradas na drenagem da superfície S1 no lado oeste do antigo rio Brahmaputra. Numa pequena área, existe um padrão de drenagem em treliça e o principal curso de água entre eles é meandrante que se junta ao antigo rio Brahmaputra.

S0: Tem um tom cinzento médio, textura granulosa a lisa, muito pouca vegetação e povoamento, contém o antigo rio Brahmaputra com barras (tom claro) e fendas (tom claro com textura em banda). Foram identificadas poucas depressões de tom cinzento médio e textura lisa. Vários cursos de água de comprimento curto e médio provêm das superfícies S1 e S2 de ambos os lados.

Nas junções entre o S3 e o S2, e o S2 e o S1 ou o S0, há evidências de deslocação dos meandros do rio de NW para SE, o que indica que a elevação no norte está a causar a deslocação do rio para jusante, ou seja, para sul.

Zona de Sherpur-Phulpur (25°00'N-25°13'N e 90°00'E-90°45'E)

Esta área é ocupada pela antiga planície de inundação do Brahmaputra. Apresenta uma tonalidade cinzenta e uma textura linear, em blocos ou irregular. A fronteira entre a planície de inundação e o leque aluvial é proeminente, mas não nítida, e duas planícies são identificáveis a partir de duas texturas diferentes. As cicatrizes dos grandes rios são proeminentes, o que indica a deslocação dos canais na planície aluvial. As depressões são comuns e têm geralmente uma forma circular com um tom cinzento e uma textura suave. Estão presentes diques naturais muito bem desenvolvidos, especialmente ao longo dos grandes canais abandonados.

As cicatrizes dos paleocanais são distintas na planície de inundação na zona a sul de Haluaghat. O rio Bhugai obliterou as cicatrizes dos paleocanais. Provavelmente, estas cicatrizes são do rio Brahmaputra. O rio Bhugai mantém aproximadamente a direção N-S no leque aluvial, mas depois de entrar na planície de inundação começou a fluir para SE. Depois vira para leste, mantendo uma natureza meândrica.

Grandes depressões húmidas ao longo de uma linha de tendência NW-SE estão presentes a nordeste da cidade de Sherpur.

Zona de Dhobaura-Durgapur (25°00'N-25°05'N e 90°30'E-90°45'E)

Situa-se a sul do leque aluvial. Contém grandes depressões. A densidade dos rios é inferior à da parte ocidental, ou seja, a zona de Sherpur-Phulpur. O Someswari e o Kangsa são os principais rios desta zona. O primeiro junta-se ao segundo a sudoeste de Durgapur e o caudal combinado segue para leste. Após a junção do rio Someswari com o rio Kangsa, a largura deste último aumentou. O Kangsa é um rio sinuoso com antigas barras pontiagudas, que são vegetadas. Estão também presentes alguns diques naturais antigos e não existem diques naturais novos.

É importante notar que a oeste do rio Someswari se encontram cursos de água muito pequenos e de curta duração com curvas angulares. Estes cursos de água não são reconhecidos de forma contínua, porque são realmente rios pequenos e de desenvolvimento recente.

Na planície de inundação, há muitas evidências de deslocação do rio. Os cursos de água correm aproximadamente na direção E-W. Em muitos casos, a largura dos cursos de água mais pequenos aumenta subitamente. Esta tendência é observada mesmo no caso de canais abandonados.

Uma zona estreita com tendência NW-SE com um padrão de drenagem gilgai onde os cursos de água não podem ser seguidos continuamente. A zona começa a 4-5 km a noroeste da confluência do Someswari e do Kangsa e estende-se para além do contacto entre a colina e o leque aluvial.

O curso do antigo Brahmaputra (B1 mais antigo de Coleman, 1969) é obliterado pelo atual curso inferior do rio Someswari. Existem muitas grandes depressões cheias de água na zona.

Sunamganj e zona circundante (25°00'N-25°10'N e 91°15'E-91°30'E)

Observa-se um padrão de drenagem invulgar na área a sul do leque de Dhamalia e nas margens leste e oeste do rio Surma. O padrão parece ser radial/circular. O terreno é alongado no sentido NE-SW e nele se situa a cidade de Sunamganj. A planície de inundação contém pequenas e grandes depressões, de cor cinzenta escura e textura lisa. As depressões não têm forma definida.

A planície de inundação apresenta um tom claro com uma textura quase lisa, mas há algumas áreas em que o tom é cinzento e a textura é em blocos, provavelmente devido a um teor de humidade mais elevado. A maior parte dos canais não tem diques naturais.

Foram identificados na área quatro lineamentos, tendendo aproximadamente nas direcções NW-SE e NE-SW, e um com direção E-W.

i) Um lineamento, de tendência NE-SW, separa linearmente duas superfícies geomórficas com duas tonalidades e texturas diferentes. A oeste, a geomorfologia mostra numerosos canais, diques naturais e depressões, e a leste, uma grande área de depressão.

ii) Um outro lineamento, de tendência NE-SW, atravessa o rio Surma. A norte do rio, um riacho segue o lineamento e, a sul do rio Surma, várias depressões encontram-se ao longo do lineamento. Pequenos canais no leque Norkia também o seguem.

iii) Ao longo deste lineamento de tendência NW-SE existem várias depressões e curvas de quatro cursos de água sucessivos. A maior parte do alinhamento situa-se no leque aluvial, a leste do rio Dhamalia.

iv) Outro lineamento situa-se a leste do rio Jadukata e corre aproximadamente no sentido E-W, ao longo do qual corre um riacho a uma distância considerável. Há uma lagoa ao longo dele. Uma pequena colina desvia o fluxo do ribeiro para leste.

Zona de Jamalpur-Melandaha-Sarishabari (24°45'N-25°00'N e 89°45'E-90°00'E)

A zona situa-se a sul da confluência dos rios Brahmaputra e Jamuna e é geomorfologicamente muito complexa. Na planície de inundação, encontram-se numerosos lagos de arcos de boi, canais abandonados, depressões e indícios de deslocação de canais.

Foram igualmente identificados dois "Madhupur Tracts" isolados.

O antigo rio Brahmaputra corre na direção NW-SE e é entrançado aqui. Encontram-se grandes barras no lado do canal e no interior do canal. Estas barras contêm areia fresca identificada com um tom muito branco, sem vegetação e sem povoamento. Ao lado das barras laterais encontram-se barras laterais mais antigas, de tonalidade escura com textura em banda e por vezes com vegetação muito rasteira. Um rio sinuoso com baixa sinuosidade nasce na margem direita do antigo Brahmaputra a cerca de 7 km a noroeste da cidade de Jamalpur. As antigas barras pontuais (tom cinzento e textura em banda) do rio são grandes e as novas barras pontuais (tom branco) são pequenas.

A partir da imagem, foram identificados quatro níveis de superfícies na planície de inundação do Jamuna. As características das superfícies são apresentadas de seguida.

> S3: Esta superfície apresenta um tom cinzento médio, com uma textura irregular e um padrão de assentamento linear. Existe uma elevada densidade de depressões e canais abandonados. As depressões chegam a ter uma dimensão de 1,5 x 0,75 km, mas não têm qualquer orientação preferencial. São claras as evidências de deslocação do rio (canais abandonados).
>
> S2: Trata-se de uma parcela de terreno com tendência NW-SE, de tonalidade cinzenta média e textura em blocos. A densidade de povoamento e de vegetação é semelhante à da S1, mas a densidade de drenagem e de canais abandonados é semelhante à da S3. É interessante notar que a maior parte das depressões são secas, enquanto a maior parte das depressões da S3 contém água. No entanto, apenas uma pequena parte da S2 se encontra no canto NW da área.
>
> S1: Apresenta cor cinzenta média, textura em blocos, dique natural, canais abandonados, vegetação e povoamento.
>
> S0: Topograficamente, esta superfície é a mais baixa e contém o atual vale do rio Jhenai. Esta superfície é clara e tem um vale largo na metade norte da área. Apresenta uma cor cinzenta média com textura em blocos ou em faixas, quase sem vegetação e povoamento. Não há indícios de canais abandonados na superfície.

Zona a oeste de Muktagacha (24°45'N-24°50'N e 90°00'E-90°15'E)

Esta zona de planície aluvial apresenta uma geomorfologia complexa. Nalgumas partes existem grandes laços de meandro e noutras partes existem entrançamentos. O rio tem barras no meio do canal e barras laterais identificadas a partir de um tom muito claro. O antigo rio Brahmaputra corre aqui na direção E-W. Um vale abandonado (cerca de 2 km de largura) está presente a sul do antigo rio Brahmaputra e a nordeste do sector de Madhupur. Os dois lados do vale são delimitados por margens elevadas, como um dique natural. Há indícios de deslocação do rio no interior do vale, expressa por cristas e ondulações. A deslocação avulsiva do canal teve lugar em três fases interpretadas por cristas e ondulações. A drenagem paralela, mas de curta duração, afasta-se das margens do vale em ambas as extremidades.

A geomorfologia das duas margens do antigo rio Brahmaputra é diferente. A parte norte é uma planície de inundação ativa e a parte sul é um terraço de Mymensingh.

Existe uma depressão adjacente a norte do antigo rio Brahmaputra, que apresenta um tom cinzento com textura de blocos. Há indícios de deslocação do rio, mas estes rios são pequenos e não têm diques naturais.

A sul, a geomorfologia é muito complexa. De oeste para leste, situa-se a planície de inundação do Jamuna, o Madhupur Tract e a antiga planície de inundação do Brahmaputra. Foram identificadas quatro superfícies da barra de pontos com base no tom, na textura, na elevação e nas características geomórficas da planície de inundação.

S3: Esta superfície tem um tom claro, drenagem fina com alta densidade. Tem menos vegetação do que a superfície S2.

S2: Apresenta tonalidade cinzenta com textura irregular, vegetação e poucas depressões. Os seus cursos de água correm sensivelmente no sentido N-S. Há muito poucas evidências de deslocação dos rios.

S1: Trata-se de barras antigas que apresentam uma tonalidade cinzenta com textura de blocos. Não há vegetação nem drenagem.

S0: Esta superfície contém a barra de pontos.

Zona a norte de Muktagacha (24°50'N-25°00'N e 90°00'E-90°15'E)

A área é ocupada pela planície de inundação a norte do antigo rio Brahmaputra. Foram aqui identificadas as quatro superfícies geomórficas seguintes.

53: Apresenta uma tonalidade cinzenta clara com textura linear. Os diques naturais têm uma tendência aproximada N-S. Existem grandes depressões com água de tom escuro e textura lisa.

54: Apresenta um tom claro, mas mais escuro do que o S3, com uma textura linear a irregular. Os diques naturais são de tendência NW-SE ou circulares e a sua largura é igual à da S3, mas mais larga do que nas outras partes. Existem também grandes massas de água que contêm água de tom escuro e textura lisa. Algumas destas massas de água são remanescentes de canais anteriores. Existem abundantes evidências de deslocação de canais e muitos deles obscurecem os antigos cursos. As massas de água estão presentes no lado oriental da superfície S2.

55: Apresenta um tom cinzento com textura em banda. Tem alguns pequenos cursos de água, maioritariamente de fluxo E-W. Estes cursos de água não têm diques naturais. Não existe qualquer depressão fechada ou massa de água à superfície.

56: Apresenta uma tonalidade branca com uma textura suave a granular e situa-se ao longo do antigo rio Brahmaputra.

Zona a leste de Mymensingh (24°45'N-25°00'N e 90°15'E-90°30'E)

Nesta parte, zona a leste do antigo rio Brahmaputra, o rio corre para SE. A norte do antigo rio Brahmaputra, foram identificadas quatro superfícies (S3, S2, S1 e S0). As descrições das superfícies são idênticas às da zona a norte de Muktagacha.

Foi identificado um rio com direção de fluxo NE-SW, que caiu no antigo rio Brahmaputra num passado recente. No entanto, a sua parte a montante está agora separada do seu curso de água principal, o que resultou na secagem do seu segmento a jusante. A parte média do rio ainda é identificável porque contém água durante todo o ano. A norte do antigo rio Brahmaputra, ou seja, a norte da cidade de Mymensingh, há amplas evidências de deslocações do rio de grandes dimensões e a planície de inundação contém grandes depressões que provavelmente indicam inundação.

Zona de Purba Dhala-Netrakona (24°45'N-25°00'N e 90°30'E-90°45'E)

Existem enormes evidências de deslocação do rio na planície de inundação do antigo Brahmaputra. No entanto, foram identificados alguns comportamentos invulgares em alguns pequenos cursos de água sinuosos, mas de elevada sinuosidade.

Foram identificadas cinco superfícies diferentes nesta área, cada uma com a sua própria imagem e características geomórficas.

57: A superfície apresenta um tom claro, que provém de sedimentos ricos em areia. Contém canal abandonado, alguns dos quais são largos com dique natural bem desenvolvido. A vegetação e o povoamento estão presentes. Na maioria dos casos, o limite com outras unidades é nítido. O número de depressões é inferior ao de outras unidades.

58: Esta zona é relativamente mais baixa do que as zonas circundantes. Contém depressões húmidas de tonalidade escura. Muitos canais abandonados podem ser vistos nas partes norte e leste da área.

59: Esta unidade é mais escura do que a unidade S2. Estão presentes grandes depressões com água, mas em número reduzido. Existem também algumas pequenas depressões à superfície. Existem canais meandrantes bem desenvolvidos em toda a área. Na parte central da zona, o curso de água sinuoso, o rio Soai, está desconectado. Apresenta lagos de corte e lagos de arco de boi. A vegetação e as povoações estão presentes. Os cursos de água e os canais abandonados são pouco numerosos.

60: Esta unidade situa-se na parte central do extremo sul da zona. Situa-se topograficamente mais baixa do que a superfície S5. Numerosas mudanças de canal com cristas e ondulações distinguem claramente esta unidade das outras unidades da área. Observam-se também depressões lineares com água, originadas por canais provavelmente abandonados. O tom médio-escuro da unidade resulta do maior teor de humidade dos depósitos. Estão presentes muito poucos canais activos. A vegetação e os assentamentos estão presentes nos diques naturais dos canais abandonados.

61: A área encontra-se numa faixa de 2 km de largura ao longo da parte sudoeste da área. A tonalidade e a textura são semelhantes às de S3. Mas a sua posição topográfica situa-se abaixo das superfícies S3 e S5. A superfície apresenta canais abandonados e depressões.

As superfícies S3, S2 e S1 desta zona são idênticas às superfícies S3, S2 e S1 encontradas na zona a leste de Mymensingh (24°45'N-25°00'N e 90°15'E-90°30'E).

Foi detectado um lineamento de tendência NW-SE ao longo do qual 4 rios se curvam. Mesmo o rio Kangsa não conseguiu escapar à curvatura. No lado leste deste lineamento existem grandes depressões.

1.1.1.1.4 Depressão (bacia do Surma)

Zona de Durgapur (25°00'N-25°10'N e 90°30'E-90°45'E)

Toda a parte sul é uma zona de subsidência, o que é indicado por grandes depressões. O rio Someswari transporta uma enorme quantidade de sedimentos onde a taxa de sedimentação é superior à taxa de subsidência.

Zona de Kalumakanda (25°00'N-25°05'N e 90°45'E-91°00'E)

Existe uma depressão muito grande a sul do leque de Mahadeo. A fronteira entre o leque aluvial e a depressão é nítida na parte norte, sendo gradual na parte oeste. A largura dos cursos de água que passam do leque aluvial para a depressão, com uma direção de fluxo de W para E, foi reduzida ou abandonada; quando estes cursos de água estão dentro da depressão, a sua largura aumenta novamente. Existem grandes rios, que correm aproximadamente na direção Este-Oeste, que atravessam a depressão. Os canais abandonados podem ser identificados pelo dique natural bem desenvolvido. Mas a maior parte dos canais activos não tem um dique natural bem desenvolvido. Nalguns casos, os cursos de água mais jovens atravessam os canais abandonados na planície aluvial. O sistema de drenagem da depressão é complexo e anastomosado.

Existem vestígios de grandes rios na parte centro-oeste da depressão. Estes canais estão atualmente abandonados, mas são identificáveis pelos seus amplos vales e pelos diques naturais bem desenvolvidos e largos. O Kangsa corre de oeste e cai na depressão a leste. Perto da depressão, o curso do Kangsa torna-se estreito. A depressão tem uma tonalidade muito escura com uma textura suave a cinzenta com uma textura irregular ou irregular.

Numerosos cursos de água atravessam a depressão em direção a leste. Na parte SE do leque de Mahadeo, os rios no interior da depressão apresentam um comportamento anormal, como o alargamento súbito, o aumento da sinuosidade, a obstrução de outros rios com a mesma dimensão, etc.

Zona de Tahirpur (25°00'N-25°10'N e 91°00'E-91°15'E)

A maioria dos cursos de água cai na depressão a partir de leste e oeste. Os cursos de água provenientes do norte são comparativamente mais pequenos do que os cursos de água que correm a leste ou a oeste. A rede de drenagem da depressão é uma anastomose muito complexa. Muitos dos principais rios não têm diques naturais. Os canais individuais são meandrantes. Na parte sudoeste, são observadas evidências de deslocação do canal. Em pelo menos dois casos, observa-se o alargamento dos canais, aproximadamente num alinhamento na direção N-S.

A sedimentação ao longo dos canais pode ser vista, mas não como um dique natural bem desenvolvido. Se existirem diques naturais, estes não são largos. Ao longo da margem do leque, o processo de sedimentação pode ser traçado com um tom claro que diminui gradualmente para longe do leque. Isto pode estar relacionado com a subsidência na depressão. A rede de drenagem e a depressão tornam a situação tão complexa que é preferível designar a planície de inundação como "planície de inundação com depressão". A planície de inundação apresenta um tom cinzento com textura linear e uma rede de drenagem intensa.

Um lineamento N-S, que parte das colinas a norte, segue para sul na planície aluvial. Ao longo do lineamento, pelo menos 11 rios fazem uma curva. Em planta, estas curvas são em forma de V e estes rios são suficientemente largos. O alinhamento pode ser visto a cerca de 1 km a oeste da longitude 91°15' E.

Algumas características comuns encontradas nos cursos de água são: i) alargamento súbito ao longo do curso de água; ii) travessia de um curso de rio mais antigo, normalmente maior do que o mais novo, barrando e fechando o antigo rio; iii) estreitamento súbito dos meandros e alargamento ao longo dessa parte do curso de um rio.

Zona de Mohanganj (24°45'N-25°00'N e 90°45'E-91°00'E)

Esta área é ocupada por uma grande depressão que contém zonas mais profundas separadas por parcelas de terreno de baixa altitude. Estas zonas mais profundas contêm água, que tem um tom escuro com uma textura suave. Na superfície do terreno são identificáveis cicatrizes de meandros de grandes rios, que possuem diques naturais. Em ambos os lados da superfície, ou seja, a norte e a sul, existem canais meandrantes activos. Um canal de fluxo NW-SE atravessa este grande rio abandonado. Este jovem rio sinuoso não tem um dique natural bem desenvolvido. Os canais activos na depressão não têm diques naturais bem desenvolvidos.

Existem muitas anomalias na drenagem desta zona. São identificados muitos pequenos canais com drenagem retangular. As curvas de meandro deslocam-se para sul. Em muitos casos, a boca do canal secundário foi assoreada, abandonando as partes inferiores destes canais secundários.

Na parte NE da zona, ao longo de uma linha NW-SE, 3 rios fazem curvas para sul e voltam a seguir para norte.

Zona a leste de Dharmapasha (24°45'N-25°00'N e 91°00'E-91°15'E)

Toda a área é maioritariamente ocupada por depressões, através das quais correm numerosos rios. As partes mais profundas da depressão têm um tom escuro e a maioria dos rios, incluindo o grande, tem um tom médio. O grande rio corre na direção N-S e não tem dique natural. Os cursos de água formam um padrão intrincado, que normalmente não é encontrado na literatura publicada. As peculiaridades dos canais são o alargamento e o desaparecimento súbitos, o abandono na foz da confluência, o cruzamento de um curso mais antigo com um mais novo em ângulos rectos. Em algumas partes da depressão, a densidade de drenagem é elevada (por exemplo, na parte sul da zona). A alteração do curso do canal é muito frequente.

Zona a norte de Dirai (25°45'N-25°00'N e 91°15'E-91°30'E)

A zona possui uma rede complexa de numerosos cursos de água. Tem depressões com massas de água mais pequenas no seu interior. A fronteira entre as depressões e as massas de água no seu interior não é nítida, pelo que só a perceção visual pode dar uma ideia da situação real.

Há dois grandes rios que atravessam a área com uma direção aproximada N-S. Estes rios têm diques naturais, barras pontuais e aberturas de fendas. Podem ser observadas aqui enormes evidências de deslocação do rio. É frequente encontrar cicatrizes de canais abandonados com diques naturais e lagos de arco de boi. No lado ocidental, que cobre cerca de 1/3 da área total, a densidade de depressões de pequena dimensão é muito superior à do resto da área. É possível que a taxa de subsidência nesta parte seja mais elevada do que nas outras partes da área. A referida zona ocidental pode ser facilmente separada ao longo de uma linha aproximadamente N-S paralela ao rio principal. Ao longo dos rios, observam-se indícios de erosão das margens dos rios e de fendas, identificadas a partir da morfologia e dos canais de fendas.

Os rios grandes e relativamente antigos têm diques naturais bem desenvolvidos. Existem alguns canais sinuosos de comprimento curto e alta sinuosidade. Alargamento súbito dos canais, um proeminente encontra-se no canto NE da área. Encontram-se numerosos canais abandonados. Existem alguns canais incisos nos anteriores canais de vale largo na parte oriental da zona.

O rio principal nesta área tinha-se deslocado sete vezes. Um curto lineamento NW-SE foi interpretado a leste do rio principal, ao longo do qual se encontram várias pequenas depressões. A variação tonal também dá uma impressão deste lineamento.

1.1.1.1.5 Terraço de Mymensingh

Zona em torno de Mymensingh Town (24°45'N-24°50'N e 90°00'E-90°15'E)

A zona mais a norte, ou seja, a sul do antigo rio Brahmaputra, apresenta um tom cinzento médio. A superfície apresenta antigos diques naturais, cicatrizes descontínuas de rios e grandes massas de água. Estas massas de água são canais abandonados ou depressões de pântanos. Há indícios de deslocação do rio de N para S. Mas na parte NW da área, a curvatura do rio deslocou-se de NW para SE.

1.1.1.1.6 Zona de Madhupur

Zona a sul de Jamalpur (24°50'N-24°52'N e 89°09'E-90°11'E)

Foram identificadas duas parcelas de terreno do território de Madhupur que estão rodeadas pela planície de inundação ativa. A fronteira entre o terreno e a planície de inundação ativa é proeminente. Os terrenos são cinzentos médios com uma textura irregular. A margem ocidental da parcela de terreno é acentuada e existe uma diferença de elevação distinta. A drenagem do terreno não está bem desenvolvida. Um lineamento N-S corre a leste do terreno de Madhupur.

Zona a sul de Muktagacha (24°45'N-24°47'N e 90°00'E-90°08'E)

O trato de Madhupur apresenta uma tonalidade cinzenta a clara com drenagem seca dendrítica densa. A textura é irregular, provavelmente devido à vegetação. A diferença de altitude entre o terreno de Madhupur e a planície de inundação parece muito baixa nos lados oriental e ocidental do terreno. Os declives do terreno são diferentes nos vários lados identificados a partir da drenagem. Na parte ocidental, o declive é para oeste e, na parte oriental, é para leste. Mas na parte central, o declive está virado para SE. Estas zonas podem ser facilmente separadas pela densidade de drenagem. Na parte central, a densidade é a mais elevada e os canais são estreitos. Na parte ocidental, a densidade é a mais baixa, com canais mais largos. A leste, os canais são meandrantes. Ao longo da margem ocidental, encontram-se alguns cursos de água de curta extensão, com direção de fluxo para oeste. As três zonas do trato de Madhupur foram separadas por dois lineamentos de tendência N-S.

O rio Banar, que corre de norte para sul, é um rio incisivo e meandrante. No entanto, muda várias vezes de direção de fluxo, mas mantém a direção geral de fluxo para sul.

5.2.2.5 Fotografia aérea (Escala 1:30.000 e 1:50.000)

Foi mencionado anteriormente que a interpretação das fotografias aéreas foi feita apenas para áreas seleccionadas. Os mapas de partes dessas áreas são apresentados no capítulo 7. As descrições das interpretações são apresentadas de seguida.

5.2.2.5.1 Ventilador Dhamalia

Trata-se de um grande leque na zona de estudo. O rio Dhamalia tem 4 cursos abandonados a oeste e 2 a leste do seu curso atual. Os cursos maiores situam-se a oeste e um deles era ainda maior do que o curso atual. Nalguns locais, observa-se um fluxo fino de água no seu curso seco. Todos os cursos abandonados têm diques naturais bem desenvolvidos. O curso atual tem pelo menos 3 níveis de barras e um canal antigo do lado oeste tem uma barra a meio do canal. No canal ativo e nos canais abandonados que se encontram a leste, observam-se fendas de fendas.

Existe um lineamento proeminente que liga pelo menos quatro ribeiros provenientes das colinas, onde o fluxo vira à direita, ou seja, vai para oeste. Num local, uma crista obstrui o fluxo de um riacho. Encontram-se outras anomalias para além do território do Bangladesh, que incluem a viragem em V de dois rios ao longo deste lineamento. Foi identificado um outro lineamento de tendência NW-SE que contém um fluxo inverso de rios (curva em V) no lado leste do rio Dhamalia. No lado oeste do rio, foi identificado um lineamento E-W a sul de uma colina ao longo da qual se encontra uma depressão linear (lagoa sag). Este lineamento passa a norte da aldeia de Gamartala. Estes dois últimos lineamentos podem ser observados entre 91°20'-91°25'E em ambos os lados do rio.

5.2.2.5.2 Ventilador Jadukata

O rio Jadukata é um rio sinuoso. Tem um curso abandonado a leste e três a oeste. Este rio é muito ativo no espalhamento de sedimentos por toda a superfície do leque. Existem muito poucos rios no leque. Mas os depósitos de fendas podem ser vistos em todo o leque, mesmo na parte distal do leque.

O rio Jadukata tem 4 níveis de depósitos de barras. A partir do tom cinzento e da textura em faixas e granulada, estas barras podem ser delineadas nas imagens. As duas barras superiores não sofrem inundações normais e têm vegetação e povoações.

Na margem esquerda do rio, verifica-se que uma alça de meandro decapitada se encontra cerca de meio metro acima do atual leito do rio.

Mesmo junto à margem direita, a colina (Formação Dihing) apresenta dois níveis de terraço.

Foi identificado um lineamento N-S muito longo no lado oeste do curso atual que liga várias curvas do rio. Outro lineamento de tendência E-W foi encontrado e liga oito pequenos distribuidores. Estes afluentes ou fazem uma pequena curva ou alargam-se num ponto agudo. Estes dois lineamentos estão activos, tendo também sido afectados por pequenos cursos de água.

5.2.2.5.3 Ventilador Lengura

Não foi observada qualquer deslocação distinta do canal no caso do rio Lengura. Mas o desvio do fluxo do canal foi identificado na superfície do leque em pelo menos dois locais. O rio Lengura é provavelmente controlado por falhas. Foram identificados dois tipos distintos de padrões de canais e direcções de fluxo. A oeste do rio Lengura, o padrão do canal é retangular com direção de fluxo para sul, e a leste do rio o padrão do canal é meandrante com direção de fluxo para sudeste.

5.2.2.5.4 Fã de Mahadeo

O rio Mahadeo forma um leque simétrico. O rio deslocou-se em ambos os lados do curso atual. Existem numerosos canais abandonados no leque. A sua densidade é superior à de Dhamalia e Jadukata.

Um lineamento NW-SE ao longo do qual se encontram várias anomalias. Até este lineamento correm vários pequenos cursos de água meandrantes e incisos. Alguns canais abandonados tiveram origem ao longo desta linha. Mesmo um distribuidor razoavelmente grande do Mahadeo segue o lineamento por uma distância considerável. A sul deste alinhamento, podem observar-se depósitos de areia excepcionais na foz de um curso abandonado do rio Mahadeo.

5.2.2.5.5 Planície de inundação do Brahmaputra (a oeste das colinas de Garo)

O rio Rongkhali vem das colinas de Garo ocidentais e junta-se ao rio Jinjiram na planície de inundação do Brahmaputra. Embora o declive da planície de inundação do Brahmaputra seja para sul, o rio Rongkhali corre para norte durante uma curta distância até se juntar ao rio Jinjiram. Comparando fotografias aéreas de duas épocas, observam-se algumas pequenas alterações num curto espaço de tempo. A areia depositada na foz do rio Rongkhali em 1975 desapareceu em 1984 e um pequeno canal foi deslocado nas zonas montanhosas. As colinas de Garo ocidentais apresentam uma drenagem dendrítica típica e, com base na densidade de drenagem, é possível fazer uma interpretação da litologia.

5.2.2.6 Landsat TM e ETM+ (Digital)

Foram observadas imagens de 8 bandas do Landsat ETM+. A banda 6 não foi considerada boa para a cartografia geológica devido à sua baixa resolução espacial. Por isso, não foi interpretada para este estudo. Nos parágrafos seguintes, os resultados da interpretação das imagens foram resumidos. Com base nas interpretações visuais das imagens digitais, não foi elaborado nenhum mapa.

5.2.2.6.1 Colinas

A zona montanhosa dá um tom escuro com uma textura rugosa. Mas a visibilidade varia de faixa para faixa. Nalguns locais, é possível ver facilmente os canteiros e os planaltos.

5.2.2.6.2 Leques aluviais

Os leques aluviais são muito claros nas bandas 2, 3 e 7 de tom branco. O contraste entre o leque aluvial e as áreas circundantes é elevado. O canal principal na superfície do leque é muito branco nas bandas 1, 2, 3 e o mesmo é escuro nas bandas 5 e 7, e misto na banda 6. Os sedimentos frescos transportados pelos canais principais na superfície do leque são muito claramente identificáveis nas bandas 2, 3 e 1, e menos nas bandas 6 e 7.

5.2.2.6.3 Planícies de inundação

As barras pontuais do Brahmaputra Antigo podem ser claramente delineadas nas bandas 1, 2, 3 e 7. Os limites na banda 5 não são nítidos, e esta banda não mostra qualquer diferença entre depósitos de barras e outros depósitos mais antigos.

5.2.2.6.4 Depressão (bacia do Surma)

As depressões são escuras em todas as bandas. Mas as águas profundas são claramente identificáveis na banda 5 devido ao seu tom muito escuro. As águas profundas são também identificáveis nas bandas 7, 6 e 2, mas não tão claramente como na banda 5. As massas de água apresentam uma textura suave e nalgumas bandas as massas de água apresentam limites nítidos. Nalgumas bandas, os sedimentos em suspensão na depressão podem ser claramente vistos.

5.2.2.6.5 Terraço de Mymensingh e zona de Madhupur

A variação de tonalidade entre o terraço de Mymensingh e o trato de Madhupur não é clara. Mas a partir do padrão de drenagem, estas formas de relevo podem ser separadas.

5.2.2.7 Radarsat SAR (Digital)

Neste estudo, foram utilizadas imagens de radar de abertura sintética (SAR) com polarização HH adquiridas nos anos de 1998, 2000 e 2002. Todas as formas de relevo da área de estudo apresentam um tom e uma textura quase semelhantes nestas imagens. Por conseguinte, a delimitação das formas de relevo foi considerada difícil. A identificação da litologia também foi difícil. Entre estas três imagens, os leques aluviais, as massas de água e alguns lineamentos eram mais bem identificáveis na imagem de 1998 do que nas outras duas. Mas os grandes rios e os centros urbanos (nível upazila) foram identificáveis em todas as imagens, devido a reflexões especulares e de canto, respetivamente. Provavelmente, a resolução espacial grosseira (50 m) das imagens dificultou a cartografia pormenorizada.

O resultado global do estudo mostra que a capacidade de extração de informação difere de imagem para imagem. O funcionamento do sistema de imagiologia por radar é fundamentalmente diferente do de outros sistemas. Os principais factores que influenciam a intensidade do sinal de radar de retorno são o comprimento de onda e a polarização do sistema, bem como as propriedades geométricas e eléctricas do terreno. Neste caso, os parâmetros do sistema e as características geométricas permaneceram os mesmos para as três imagens. Mas devido à precipitação no dia da aquisição da imagem de 1998, as propriedades eléctricas das características do terreno eram diferentes das das imagens de 2002 e 2002. Devido ao elevado teor de humidade, resultante da precipitação, a intensidade dos sinais de radar da imagem de 1998 aumentou. Isto também é evidente nos histogramas das imagens.

Além disso, a redução do speckle é importante para a interpretação das imagens, o que exige uma melhor compreensão do processamento digital de imagens de radar.

5.3 PROCESSAMENTO DIGITAL DE IMAGENS

Todas as imagens digitais têm de ser processadas de alguma forma para poderem ser úteis (Legg, 1992). Entre os quatro tipos básicos de procedimentos de processamento de imagens, ou seja, retificação e restauro de imagens, melhoramento de imagens, classificação de imagens e fusão de dados (Lilliesand e Kiefer, 2000), foram realizados alguns para aumentar a capacidade de extração de informação para este estudo. Estas são a retificação de imagens, o estiramento, o despeckling de dados SAR e a preparação de compósitos de falsa cor (FCC). Foi feita uma FCC, da imagem Landsat ETM+ de 28 de fevereiro de 2000, combinando as bandas 7, 4 e 2 (RGB) (Figura 7.2). Uma imagem FCC é, sem dúvida, o meio mais eficaz de apresentação visual de uma imagem multi-canal (multi-banda) (Novak e Soulakellis, 2000).

Os pormenores das actividades de processamento de imagens não são abrangidos pelo âmbito deste estudo.

5.4 AVALIAÇÃO

Neste estudo, foi interpretada uma série de imagens de deteção remota adquiridas em diferentes comprimentos de onda. Com base na interpretação visual das imagens impressas e digitais, foi elaborado um resumo da capacidade de deteção destas imagens para vários objectos de interesse geológico (Quadro 5.2), que é discutido a seguir.

5.4.1 Landsat MSS, TM e ETM+

5.4.1.1 Landsat MSS (Bandas 5 e 7)

As características geomórficas são distinguíveis na banda 5 com base na diferença tonal e a drenagem na superfície do piemonte é mais visível na banda 5 do que na banda 7. A colina aparece a preto, o piemonte aparece a branco e a planície de inundação aparece a cinzento na banda 5. A colina aparece a cinzento, o piemonte aparece a branco e a planície de inundação aparece a preto na banda 7. A banda 5 tem a mesma tonalidade para o piemonte e para o Madhupur Tract. Embora a banda 7 apresente uma tonalidade branca para estes, pode ser separada com base numa drenagem distinta na superfície do piemonte. Ambas as imagens não permitem separar a planície de inundação ativa da planície de inundação antiga, como o terraço de Mymenshingh. Em ambas as imagens, as águas claras (profundas) aparecem escuras e lisas, mas o limite é nítido na banda 5. A cartografia da drenagem é mais fácil na banda 5 do que na banda 7. Apenas a grande drenagem é visível na banda 7. As barras pontuais são brancas em ambas as bandas. Na banda 7, são visíveis os planaltos e a drenagem fina, que são obscuros na banda 5. A floresta aparece a negro em ambas as bandas, mas mais escura na banda 5. Estas imagens confirmam que a reflectância aumenta com o aumento do comprimento de onda (Jensen, 2000), especialmente em zonas de leques aluviais.

5.4.1.2 Landsat TM (FCC)

As principais superfícies geomórficas são claramente identificáveis na imagem, principalmente com base na diferença de tonalidade. As colinas são vermelho-escuras, a planície de piemonte é lustrosa e a planície de inundação é rosa-azulada com uma textura irregular. A tonalidade e a textura do leque aluvial e do Madhupur Tract são semelhantes, mas as da planície de inundação são diferentes das dos formadores. A textura do terraço de Mymensingh confere-lhe um aspeto único, pelo que pode ser facilmente identificado como uma unidade separada. As depressões com águas límpidas são negras, ao passo que as sem água são vermelhas, provavelmente devido à cultura do arroz. As barras pontuais são brancas. Os lineamentos são identificáveis. Os grandes rios e as depressões são facilmente identificáveis pelo tom escuro e pela textura suave. Os pequenos canais e os canais abandonados são identificáveis em muitos casos, mas não em todos.

5.4.1.3 Landsat TM e ETM+

Devido à vantagem de várias bandas, estas imagens oferecem grandes oportunidades para identificar diferentes objectos. Provavelmente devido à maior resolução espacial, são identificáveis muitos objectos na banda 8 que não são identificáveis noutras bandas. A banda 6 não foi considerada boa para a cartografia geológica durante este estudo, devido à sua baixa resolução espacial.

5.4.2 SPOT Pancromático

As principais superfícies geomórficas são distinguíveis devido à diferença de tonalidade e textura e às características geomórficas, como o padrão de drenagem, a dimensão da drenagem, a depressão, a direção do fluxo do canal, etc. Os canais até alguns metros de largura podem ser identificados na imagem. A depressão com água é preta e sem água é cinzenta com uma textura suave. As barras pontuais jovens são brancas, enquanto as barras pontuais antigas apresentam um tom cinzento médio. Os lineamentos podem ser identificados na imagem.

5.4.3 Radarsat SAR

A partir da observação de três imagens SAR, pode concluir-se que, para aumentar a interpretabilidade, é necessário efetuar um despeckling e uma suavização adequados (Alam, 1999). Sabe-se que existe uma relação entre a retrodifusão do radar e as propriedades dieléctricas dos materiais do terreno. Neste estudo, os histogramas das imagens e os dados de precipitação registados nos dias de aquisição das imagens mostram esta relação. Todas as imagens SAR disponíveis foram recolhidas durante a estação das chuvas. Não foi possível comparar com imagens SAR recolhidas na estação seca.

5.4.4 Fotografia aérea

As fotografias aéreas oferecem uma oportunidade única de visualização tridimensional. Mas para a cartografia de grandes áreas é necessário interpretar um grande número de fotografias. A sua disponibilidade também é limitada.

Tabela 5.2 Resumo da avaliação de diferentes imagens de deteção remota para detetar vários objectos geológicos.

RS DATA FORMAT → / ELEMENTS ↓	Aerial Photograph	SPOT Pan	Landsat MSS		Landsat TM & ETM+							Radarsat
			B5	B7	B1	B2	B3	B4	B5	B7	B8	
GEOMORPHOLOGY												
Landform	d	g	g	g	d	d	d	g	d	g	d	p
Drainage	d	d	g	f	g	d	d	g	d	g	d	f
Depression	d	g/d	f	g	d	g	d	f	d	g	d	g
Waterbody	d	d	d	g	d	d	d	f	d	g	d	g
GEOLOGY												
Lithology	d	g	f	f/g	g	d	g	g	d	g	g	p
Lineament	g/f	f/g	f	g	g	f	f	f	g	f	g	f/g
Bedding	g	f	f	g	g	d	f	p	g	f	g	p
MAN-MADE STRUCTURE												
Settlement	d	g	p	f	f	g	f	p	f	g	g/d	g
Road	d	g	p	p	f	f	f	p	g	g	d	f
Railway	d	d	p	p	p	p	p	f	f	f	d	p
Pond	d	g	p	p	p	p	p	f	f	f	d	f
Powerline	d	g	p	p	p	p	p	p	p	p	nd	nd
Quarry		f/p	p	p	p	p	p	p	p	p	g	nd
NATURAL COVER												
Vegetation	g	f	f	f	g	g	g	p	p	g	g	p
Forest	g	f	g	f	d	d	d	p	p	g	g	p

Distinto = d, Bom = g, Razoável = f, Fraco = p, Não distinguível = nd

Capítulo 6

ASSINATURAS NETOCTONICAS

6.1 NEOTECTÓNICA E GEOMORFOLOGIA

O termo "neotectónica" foi originalmente citado em Mescherikov (1968), tal como definido por V. A. Obruchev em 1948 e inclui quaisquer movimentos verticais ou horizontais que começaram ou continuaram durante o Neogénico (Paleoceno a Eoceno) até tempos recentes, incluindo ajustamentos isostáticos que ocorrem atualmente em cinturas orogénicas pré-Neogénicas, deformações costeiras associadas a alterações do nível do mar, efeitos glacio-eustáticos, elevação e sismicidade perto de fontes magmáticas e possíveis movimentos epeirogénicos de longo comprimento de onda que parecem afetar os interiores continentais. Mas o conceito moderno de neotectónica é a tectónica nova, viva, recente ou ativa. Inclui movimentos terrestres do Miocénico ao Recente, de escala local a placas, especialmente os associados ao tectonismo regional. As actividades neotectónicas são efeitos tectónicos do passado recente e do presente que ajudaram a moldar as características geomórficas do presente (Singh, 1996). A atividade neotectónica pode ser co-sísmica e assísmica.

A metodologia do estudo neotectónico é feita seguindo os procedimentos habituais de mapeamento da geologia estrutural, mas é grandemente auxiliada pela geomorfologia e pela estratigrafia do final do Cenozoico, especialmente do Quaternário. As actividades tectónicas reflectem-se em padrões e taxas de processos e formas geomórficas (Alam, 2003). A manifestação geomórfica da neotectónica varia consoante os diferentes processos climáticos e outros processos activos.

Os estudos neotectónicos em planícies aluviais requerem uma abordagem diferente, onde o leito rochoso está coberto por sedimentos recentes não consolidados e onde raramente é possível verificar diretamente a deslocação ou deformação de depósitos ou formas significativas. Do ponto de vista morfológico, as formas de relevo numa planície aluvial estão essencialmente ligadas a processos fluviais de sedimentação e erosão. Em áreas de relevo baixo, é útil a análise da drenagem, que inclui a consideração dos padrões de drenagem, da textura da drenagem, dos padrões e anomalias dos cursos de água individuais. Assim, o objetivo principal é localizar os movimentos neotectónicos a partir do estudo da evolução do sistema de drenagem da zona.

6.2 GEOMORFOLOGIA DA ZONA DE ESTUDO

Com base neste estudo, a área pode ser dividida em 6 unidades geomórficas - i) colinas, ii) leques aluviais, iii) planícies de inundação (rios Jamuna, Brahmaputra e Brahmaputra antigo), iv) terraço de Mymensingh, v) Madhupur Tract e vi) depressão (bacia de Surma) (Figura 6.1). As características das diferentes unidades geomórficas da área são brevemente descritas a seguir.

6.2.1 Colinas

Estas colinas encontram-se numa faixa estreita ao longo da região fronteiriça entre a Índia e o Bangladesh. As colinas estão presentes a norte das upazilas de Jhenaigati, Nalitabari, Durgapur, Kalumakanda e Tahirpur. Estas colinas não formam cadeias contínuas, mas constituem uma cadeia de colinas circulares e alongadas separadas por vales aluviais recentes. A elevação das áreas montanhosas varia entre 30 e 15 m e a mais elevada encontra-se na parte ocidental da área de estudo, que é de 40 m. O padrão de drenagem desenvolvido nas colinas é principalmente dendrítico.

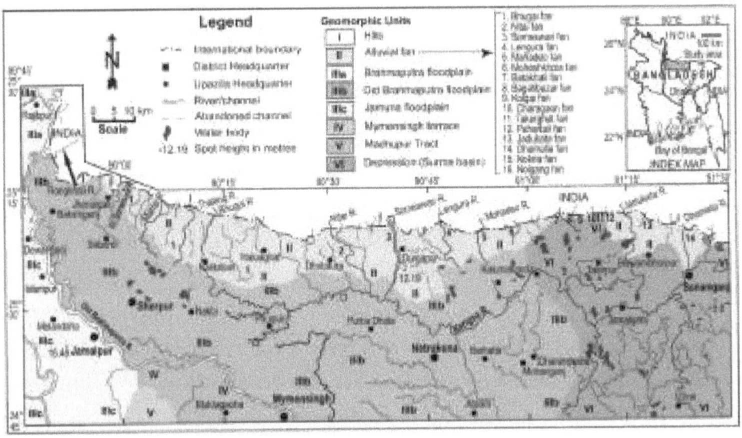

Figura 6.1 Mapa da área de estudo mostrando as principais unidades geomórficas.

6.2.2 Leques aluviais

Existe uma série de leques aluviais a sul das colinas. A elevação mais elevada do leque aluvial na área de estudo encontra-se na parte ocidental, com 30 m, que diminui para leste e desce abaixo dos 6 m. Começa novamente a aumentar após a depressão que contém Tanguar Haor, a sul de Takerghat,

Sunamganj. Foram identificados dezasseis leques aluviais na área de estudo. As dimensões dos leques e a sua comparação são apresentadas no quadro 6.1 e na figura 6.2, respetivamente.

Tabela 6.1 Dimensões dos leques aluviais da área de estudo.

Fans (from west to east)	**Length** (km)	**Width** (km)	**Length /Width Ratio**	**Elevation** (apical part, in m)	**Elevation** (distal part, in m)
1. Bhugai	21	16	0.45	23.5	14
2. Nitai	12	24	0.50	16.75	10.36
3. Someswari	19	14	1.36	14.63	7.6
4. Lengura	10.5	7.5	1.40	12.2	6.7
5. Mahadeo	9.5	7.5	1.27	13.4	5.2
6. Moheshkhola	5	2.5	2.00	7.9	6.4
7. Batakhali	2.5	4.5	0.55	7.3	5.2
8. Bagalibazar	0.9	2.5	0.35	7.3	6
9. Kolgai	1.75	3.75	0.46	8.2	5.5
10. Charagaon	1.75	4.5	0.39	7.9	5.5
11. Takerghat	1.75	2.5	0.70	9.1	5.2
12. Pahartali	0.75	2.25	0.33	9.7	5.2
13. Jadukata	10.75	10.5	1.02	9.4	4
14. Dhamalia	12	15.5	0.77	9.1	7
15. Nokria	3.5	3	1.67	9.1	6.7
16. Nolgang	1.5	2.25	0.66	8.2	6.7

6.2.2.1 Rios que formam os leques aluviais

Os rios Someswari ocidental, Marisi, Thalang, Bhugai, Nitai, Someswari, Lengura, Mahadeo, Moheshkhola, Jadukata, Dhamalia, Nokria e outros rios sem nome formaram os leques aluviais na área de estudo (Figura 6.1) que se estende por uma distância de cerca de 175 km na direção E-W. Com base na morfologia, os rios formadores de leques aluviais (Figura 6.3) podem ser categorizados em:

i) os rios ocidentais incisos e meandrantes mais sinuosos que quase não sofreram mudanças de canal recentes (Someswari ocidental, Marisi, Thalang, Bhugai e Nitai),

ii) rio médio entrançado (Someswari), e

iii) os rios meandrantes menos sinuosos do leste, com mudanças de canal muito frequentes (Lengura, Mahadeo, Moheskhola, Jadukata, Dhamalia).

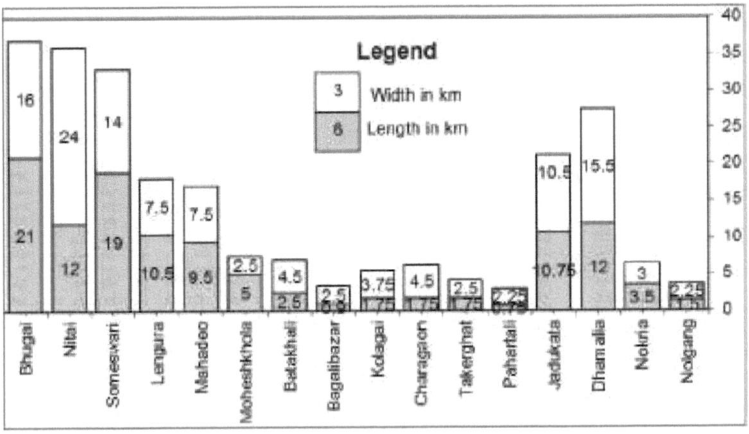

Figura 6. 2 Comparações dos leques aluviais da área de estudo.

Entre estes rios, os rios ocidentais, por exemplo, o Someswari ocidental, o Marisi, o Thalang e o Bhugai, formaram leques aluviais que, com o passar do tempo, se fundiram num grande leque, aqui designado por leque Bhugai para efeitos de discussão. Embora o leque de Nitai tenha a sua identidade, também está incluído no leque de Bhugai. Trata-se de rios meandrantes com terraços. Não se registam mudanças de canal em tempos muito recentes. Estes cursos de água são geralmente controlados estruturalmente (Das *et al.*, 1995).

Os rios orientais, por exemplo, Lengura, Mahadeo, Moheshkhola, Jadukata e Dhamalia, têm um curso meandrante de baixa sinuosidade com fundo plano. O rio

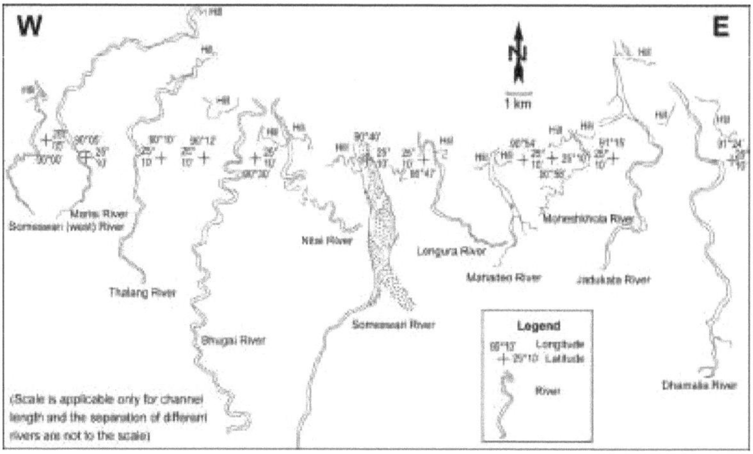

Figura 6.3 Características dos rios nos leques aluviais.

A margem chega a atingir 1 m de altura. Nestes cursos observam-se deslocações de canal muito frequentes.

O único rio entrançado na área de estudo é o rio Someswari. A largura do rio é de 800 m (BWDB, 2005). É interessante notar que uma mudança notável no padrão de entrançamento ocorreu entre 1985-1990. Em tempos muito recentes, também aumentou a sua largura.

O limite ocidental do leque de Someswari é a linha de separação entre os leques ocidentais e os leques orientais. Existe uma depressão entre os leques ocidental e oriental. Mais uma vez, é interessante notar que, neste ponto de separação, as características do rio Someswari são muito diferentes das de outros rios desta região. É o único rio entrançado na área de estudo. Reimann (1993) mencionou que os resultados de investigações sísmicas recentemente efectuadas no oeste e norte do Bangladesh confirmam o alinhamento NE da borda da plataforma até cerca de 90°40'E e 25°15'N, onde este elemento estrutural significativo, a "Zona de Dobradiça", é intersectado pela Falha de Dauki.

6.2.2.2 Perfis transversais dos rios

Os rios dos leques ocidentais são em socalcos, enquanto os dos leques orientais são em forma de caixa (Figura 6.4).

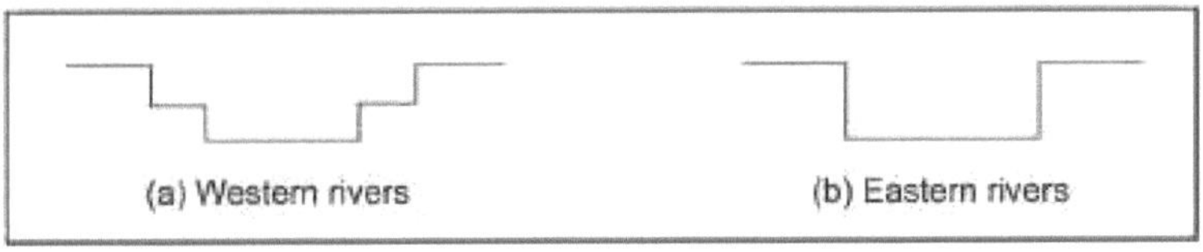

Figura 6.4 Perfil transversal dos rios nos leques aluviais.

6.2.3 Planícies de inundação

A maior parte da área de estudo é ocupada pelas planícies de inundação dos rios Brahmaputra, Brahmaputra Velho e Jamuna. Cada uma das planícies de inundação tem as suas próprias características geomórficas, que podem ser claramente identificadas nas imagens de teledeteção (Figura 5.4). Mesmo as depressões nas planícies de inundação têm a sua própria forma e tamanho característicos (Figura 7.28). Verificou-se que o rácio entre o comprimento e a largura das depressões é único para uma determinada planície de inundação, o que é discutido no capítulo 7. Elevação de

A planície de inundação do Jamuna varia entre 22 e 15 m, e a da planície de inundação do Brahmaputra antigo varia entre 20 e 10 m. Mas varia entre 7,5 e 6 m na parte oriental da planície de inundação do Brahmaputra antigo. Os declives da planície de inundação do Jamuna e da antiga planície de inundação do Brahmaputra são, respetivamente, para sul e sudeste.

6.2.4 Terraço de Mymensingh

Uma pequena parte do terraço situa-se na área de estudo. Situa-se no lado sul e sudoeste do antigo rio Brahmaputra. O terraço apresenta uma geomorfologia fluvial típica, mas não sofre inundações anuais. A elevação do terraço varia entre 15 e 7 m, com uma inclinação para SE.

6.2.5 Zona de Madhupur

Uma parte muito pequena do trajeto insere-se na área de estudo, na parte sudoeste. A sua elevação dentro da área de estudo é de 15m ou mais. O padrão de drenagem desenvolvido no trato é principalmente dendrítico.

6.2.6 Depressão (bacia do Surma)

A leste da antiga planície de inundação do Brahmaputra encontra-se uma vasta depressão. Rashid (1991) apresentou esta área como uma bacia de haor. Esta área contém água durante todo o ano. A altitude da depressão é inferior a 1,8 m. Muitos comportamentos invulgares, como a densidade de drenagem muito elevada, a mudança frequente de canais, o cruzamento de canais mais antigos por canais mais novos, a ausência de diques naturais ou o seu fraco desenvolvimento, o alargamento súbito de canais, podem ser facilmente observados nesta zona, o que cria um padrão de drenagem complexo. Brammer (1996) referiu que toda a área está sujeita a inundações repentinas e que a maior parte da terra fica profundamente inundada na estação das monções.

6.3 ASSINATURAS NEOTECTÓNICAS

As assinaturas neotectónicas de diferentes unidades geomórficas foram detectadas e identificadas em várias imagens de deteção remota. As assinaturas foram listadas aqui de acordo com a geomorfologia. Os pormenores das assinaturas seleccionadas são discutidos no capítulo 7. As assinaturas seleccionadas foram verificadas no terreno e, após integração com outros dados relevantes, foram tiradas conclusões.

6.3.1 Colinas

1. Encontram-se vários lineamentos nas áreas montanhosas, especialmente no lado ocidental da área de estudo. Muitos deles têm tendência NW-SE e alguns deles têm tendências N-S e NE-SW.

2. Pode ser identificada *uma* lagoa muito distinta (25° 11'N e 91° 20'E), reconhecida como uma pequena massa de água que ocupa uma depressão fechada (AGI, 1980), a norte da aldeia de Gamartala, a oeste do rio Dhamalia, que fica adjacente a sul de uma colina com tendência E-W.

3. Uma falha de tendência NE-SW passa na margem direita do rio Thalang, perto da fronteira internacional.

4. Foi encontrada uma zona de esmagamento ao longo de um riacho, a oeste do rio Thalang, no leque de Bhugai.

5. Foram identificados socalcos ao longo das colinas da margem direita do rio Jadukata.

6.3.2 Leques aluviais

6.3.2.1 Fã de Bhugai

1. Os rios Marisi, Thalang e outro rio sem nome apresentam depósitos de fendas em certos pontos, identificados na imagem SPOT a partir da

morfologia, dos canais de fendas e do tom claro dos sedimentos frescos.

2. Verificou-se uma mudança nas características dos meandros do rio Bhugai. Apresenta meandros de alta sinuosidade quando se encontra no leque e meandros de baixa sinuosidade quando se encontra na planície de inundação. O rio tem pequenas barras a meio do canal.

3. Um rio sem nome tem 8 cursos abandonados e esses cursos têm diques naturais bem desenvolvidos.

4. Foi observada uma tendência de deslocação para sul da confluência das ribeiras. Registaram-se 5 e 3 deslocações para os rios Bhugai e Thalang, respetivamente.

5. O rio Bhugai deslocou-se sempre para oeste e o atual rio Bhugai tem 5 cursos abandonados.

6. Existem pequenos cursos de água sinuosos e incisos, um de cada lado do rio Bhugai. Estes fluem para sul, mas não se juntam ao rio Bhugai.

7. Estão presentes várias depressões ao longo de uma linha de direção N-S.

8. Existem três tipos de drenagem no leque de Bhugai.

   a) canais largos abandonados com diques naturais bem desenvolvidos.

   b) canais estreitos e sinuosos com barras pontuais distintas.

   c) pequenos canais meandrantes e incisos de elevada sinuosidade.

9. Foram detectadas viragens de canais abandonados consecutivos ao longo de uma linha.

10. Os socalcos encontram-se ao longo dos rios Thalang e Bhugai.

6.3.2.2 Someswari Fan

1. O rio Someswari mostra

   a) padrão trançado distinto no regime superior,

   b) padrão meandrante de baixa sinuosidade no regime médio e

   c) padrão de canal reto no regime inferior.

2. Foi observada uma mudança nas características de entrançamento, ou seja, mudança nas posições das barras e mudança na largura do canal, do rio Someswari ao longo do tempo, especialmente no período 1990-2003.
3. Apenas os cursos abandonados do rio Someswari possuem diques naturais.
4. O leque de Someswari é um leque assimétrico, cujo lobo oriental é maior do que o lobo ocidental.
5. O rejuvenescimento ocorreu no canal Atrakhali. Este canal situa-se no lado oriental do rio Someswari.
6. No lado oriental do atual rio Someswari existem 5 (cinco) cursos abandonados que correm aproximadamente na direção E-W, paralelamente uns aos outros. O curso mais a norte (provavelmente o mais antigo) é de alta sinuosidade, com meandros uniformes e diques naturais bem desenvolvidos. Os outros cursos são também meandrantes, mas pequenos, e não têm diques naturais bem desenvolvidos.
7. Foram identificados no leque três lineamentos com direcções WNW-ESE, NW-SE e NE-SW.
8. Foi identificado um pequeno riacho incisivo na parte superior do leque.

6.3.2.3 Ventilador Lengura

1. Foram identificados desvios de cursos de água em dois locais na parte noroeste do leque.
2. Foi observada uma mudança na posição do rio Lengura para leste.
3. Os cursos de água têm características e direcções de fluxo diferentes a oeste (rectangulares e para sul) e a leste (meandrantes e para sudeste) do rio Lengura.
4. O rio tem um dique natural, barras pontiagudas e não apresenta indícios de migração recente do canal na sua parte a jusante.
5. O rio Lengura é um rio de fundo plano e em forma de caixa na sua secção transversal.

6.3.2.4 Mahadeo Fan

1. Foi identificado um lineamento de tendência WNW-ESE.
2. Verificou-se uma diferença no perfil do solo nas partes apical, média e distal do leque.
3. A deslocação frequente do rio Mahadeo nos últimos tempos é distinta na geomorfologia, que foi detectada.
4. Foi observado um rejuvenescimento do canal.
5. Foi identificado um aumento da sinuosidade e do socalco num pequeno riacho.

6.3.2.5 Ventilador Moheshkhola

1. Foi identificado um canal meandrante de curta duração junto à base das colinas.
2. Foram encontrados terraços de dois níveis em pequenos riachos.

6.3.2.6 Leque Bagalibazar-Takerghat-Pahartali

1. Os leques aluviais são muito pequenos nesta parte da área de estudo.

6.3.2.7 Fã de Jadukata

1. A deslocação do rio Jadukata restringe-se principalmente à parte ocidental do curso atual.
2. Foram desenvolvidos três níveis de barras no rio Jadukata, que podem ser claramente identificados na fotografia aérea.
3. Foi identificado um alargamento acentuado em três distribuidores consecutivos do rio Jadukata. Uma linha de tendência E-W pode ligar estes pontos largos.

6.3.2.8 Ventilador Dhamalia

1. A deslocação do rio Dhamalia ocorre em ambos os lados do curso atual.
2. Foi identificado um rio meândrico e incisivo de alta sinuosidade entre os leques de Dhamalia e Nokria.

3. O lóbulo ocidental do leque de Dhamalia está mais desenvolvido do que o lóbulo oriental e a deslocação de canais é mais frequente nesta parte.
4. O leque de Dhamalia apresenta três tipos de canais:
   a) meandro com dique natural bem desenvolvido.
   b) meandro incisivo, de alta sinuosidade, com dique natural.
   c) meandro incisivo, de baixa sinuosidade, sem dique natural.
5. Os sedimentos frescos estão presentes nas partes média e inferior do leque e ultrapassam o limite exterior do leque de Dhamalia.
6. Foram identificados três níveis de barras no rio Dhamalia.
7. O desenvolvimento do entrançado no rio Dhamalia ocorreu depois de 1991.

6.3.3 Planícies de inundação

6.3.3.1 Área a oeste de Garo Hill (25° 15 N-25'° 30' N e 89° 45 E-89'° 50' E)

1. Ocorreu uma mudança na direção do fluxo do rio Rongkhali e o abandono do rio Jinjiram na planície de inundação do Brahmaputra.
2. Na planície de inundação do Brahmaputra, a oeste das colinas de Garo, os cursos de água que atravessam as frentes das colinas fluem para NW, em vez de fluírem para SE, o declive regional da planície de inundação.
3. Na parte SW das colinas de Garo, são muito poucos os cursos de água que transportam sedimentos frescos das colinas e a quantidade de sedimentos é também baixa, identificada a partir das imagens.
4. Foram identificados três níveis de superfícies na planície de inundação do Brahmaputra com características geomórficas distintas no lado sudoeste das colinas de Garo.
5. Ao longo da junção das diferentes superfícies geomórficas, há evidências de migração dos meandros do rio de NW para SE.
6. Foram identificados quatro níveis de superfícies com características geomórficas distintas na antiga planície de inundação do Brahmaputra e a norte da cidade de Mymensingh.

7. Estão presentes depressões grandes e húmidas ao longo de uma linha de tendência NW-SE na planície de inundação do antigo Brahmaputra a norte da cidade de Sherpur.

8. Na antiga planície de inundação do Brahmaputra, o Kangsa é um rio importante, mas tem apenas barras pontuais antigas e diques naturais, e atualmente não transporta muitos sedimentos.

9. O afluente do rio Kangsa com direção de fluxo SE deixou o Kangsa e agora corre para leste para cair numa depressão.

10. Muitas evidências de mudança de canal estão presentes na planície de inundação.

6.3.3.2 Sunamganj e zona circundante (25°00' N-25°10' N e 91°15'E-91°30'E)

1. Quatro lineamentos com tendências aproximadas NW-SE e NE-SW e um lineamento com tendência E-W foram identificados na planície de inundação.

2. Foi observado um padrão de drenagem anastomosado a sul do leque de Dhamalia e nas margens leste e oeste do rio Surma.

6.3.3.3 Zona a norte de Muktagacha (24°50 N-25°00ff N e 90°00' E-90°15' E)

1. Na antiga planície de inundação do Brahmaputra, foi identificada uma zona escura e húmida.

2. Não foram construídos diques naturais ao longo de alguns cursos de água na antiga planície aluvial de Brahmaputra.

3. Foram identificadas quatro superfícies geomórficas na antiga planície de inundação do Brahmaputra.

4. Os afluentes do antigo rio Brahmaputra estão a morrer a montante.

5. A maior parte da deslocação do rio é feita de norte para sul na antiga planície de inundação do Brahmaputra.

6.3.3.4 Zona a leste de Mymensingh (24° 45 N-25°00ff N e 90°15' E-90°30' E)

1. Na margem esquerda do antigo rio Brahmaputra existem quatro superfícies.

2. Um curso de água de direção NE-SW foi isolado do antigo rio Brahmaputra e está abandonado na parte a jusante.

3. Os afluentes não fluem diretamente na direção N-S para se juntarem ao antigo Brahmaputra, mas sim para SW para se juntarem ao mesmo.

***6.3.3.5 Zona de Purba Dhala-Netrakona* (24°45'N-25°00'N e 90°30'E-90°45'E)**

1. Foram observadas numerosas evidências de deslocação de rios na antiga planície de inundação do Brahmaputra.

6.3.3.6 Zona de Jamalpur-Melandaha-Sarishabari (24°45'N-25 °00f N e 89 °45f E-90 °00 'E)

1. O padrão de drenagem retangular está presente na área.

2. A deslocação do meandro é para sul e foram identificadas pelo menos 3 deslocações consecutivas do canal.

3. Um comportamento invulgar foi encontrado no lineamento de tendência NW-SE.

6.3.4 Depressão (bacia do Surma)

6.3.4.1 Zona de Tahirpur (25°00f N-25°10f Ne 91° 00'E-91° ^L5E))

1. Foi identificado um padrão de drenagem anastomosante e, em muitos casos, o padrão de drenagem é muito complexo.

2. As principais drenagens não possuem diques naturais.

3. Foi observado um alargamento súbito do canal na direção N-S.

4. Na depressão que atravessa o leque podem ser detectados vestígios de

sedimentação.

5. Foi identificado um lineamento de tendência N-S paralelo a 91° 15'E de longitude que contém 11 curvas de rio, algumas das quais de grandes dimensões. O lineamento tem origem no planalto de Shillong, a norte, e dirige-se para a planície de inundação, a sul, através do leque aluvial.
6. Os cursos de água caem normalmente na depressão, quer pelo lado leste, quer pelo lado oeste.
7. Os cursos de água que vêm do norte são mais pequenos do que os cursos de água que correm para leste e oeste.

6.3.4.2 Zona a sul de Durgapur (25 °00'N-25° 15f N e 90 30E-90° 45f E)

1. A sul do leque de Someswari, encontra-se uma enorme depressão.

6.3.4.3 Zona de Kalumakanda (25° 00 N-25°05" N e 90045'E-9r 00'E)

1. A largura do rio Kangsa torna-se estreita na depressão, a sul do leque de Mahadeo.
2. Os pequenos rios obstruem os grandes rios em ângulos rectos.
3. Na depressão estão presentes canais meandrantes de pequena dimensão mas de elevada sinuosidade.
4. Foram identificados alargamentos súbitos, aumento da sinuosidade e obstrução do rio.
5. A largura dos cursos de água que entram do leque aluvial para a depressão torna-se estreita na junção, mas depois de entrar na depressão a sua largura volta a aumentar.

6.3.4.4 Zona a leste de Dharampasha (24°45 N-25°00ff N e 91°00'E-91°15E)

1. Não foi observado nenhum dique natural ao longo do rio Surma na parte a jusante.
2. Uma linha de tendência E-W separa a área em duas zonas de fluxo.

i) lado norte sem dique ou com dique natural deficiente, e

ii) perda do curso do canal na parte a montante do lado sul e incisão do curso de água.

3. Foram detectados alargamentos e desaparecimentos súbitos de canais.

4. Observa-se o abandono na foz da confluência.

5. Os cursos fluviais mais jovens cruzam os cursos fluviais antigos em ângulos rectos.

6. A densidade de drenagem é maior em algumas partes da depressão.

6.3.4.5 Zona a norte de Dirai (24°45 N-25°00ff N e 91°15f E-91°30'E)

1. A linha N-S paralela a um grande rio separa provavelmente uma zona de subsidência.

2. É muito comum um canal meândrico de comprimento curto e alta sinuosidade.

3. Observam-se numerosas evidências de abandono de canais.

4. Na parte oriental, foram encontrados poucos canais incisos em vales largos anteriores.

5. Um lineamento NW-SE ao longo do qual se encontram várias pequenas depressões.

6.3.5 Outros elementos de prova

1. Foram observadas diferenças no desenvolvimento do solo nas partes apical e distal do leque de Mahadeo.

2 A diferença no desenvolvimento de leques nas partes ocidental (leque Bhugai) e oriental (leques Someswari, Mahadeo, Jadukata) da área é muito clara

3 Foi detectada a presença de madeira em profundidade numa zona atualmente ocupada por um leque aluvial

4 Foi identificado o desvio do curso de água na zona do sopé da colina

5 A elevação do leque ocidental é de 23-21 m, enquanto a do leque oriental é de 8-7 m. No entanto, a elevação na extremidade oriental do leque ocidental é de 13 m.

6 Os depósitos dos leques ocidentais são constituídos por areias cascalhentas mal seleccionadas e ligeiramente oxidadas, enquanto os dos leques orientais são constituídos por areias grossas não consolidadas

7 A linha de fronteira entre o leque e a planície de inundação é regular nos leques orientais e irregular nos leques ocidentais As características dos rios também são diferentes nas duas partes A linha de separação entre estes leques situa-se a oeste do leque de Someswari

Capítulo 7

DISCUSSÕES

7.1 INTERPRETAÇÃO DAS ASSINATURAS NEOTECTÓNICAS

Após uma interpretação visual detalhada de várias imagens de deteção remota, foram detectadas várias assinaturas neotectónicas em diferentes superfícies geomórficas da área de estudo. Uma lista dessas assinaturas foi apresentada no capítulo anterior. Os locais seleccionados das assinaturas neotectónicas foram verificados no terreno. Integrando com outros dados relevantes, foram dadas aqui interpretações para as identificar como assinaturas neotectónicas (Alam e Rahman, 2004). Pode ser mencionado aqui que a ênfase deste estudo foi dada às áreas de leques aluviais. Os locais onde as assinaturas neotectónicas foram identificadas são mostrados na figura 7.1 e referidos como número do local.

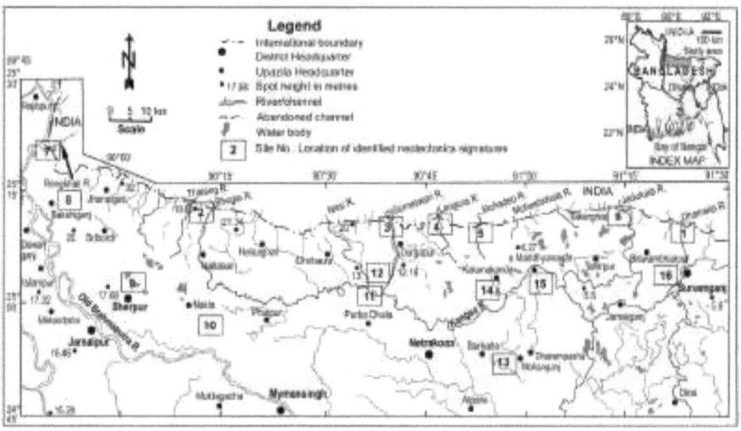

Figura 7.1 Mapa de localização mostrando os locais das assinaturas neotectónicas identificadas.

7.1 MONTANHAS

(1) As falhas e os lineamentos foram identificados na região montanhosa da parte ocidental da área de estudo. Esta região montanhosa ocupa o limite norte. Estas falhas e lineamentos são principalmente de tendência N-S e NW-SE.

(2) A análise do compósito de falsa cor (FCC) da imagem Landsat ETM+

(Banda 7-Vermelha, Banda 4-Verde e Banda 2-Azul) mostra um charco muito distinto (Figura 7.1, sítio 1) a sul de uma colina com tendência E-W, situada a norte da aldeia de Gamartala e a oeste do rio Dhamalia (latitude 25° 10'N e longitude 91° 20'E) (Figura 7.2). O alinhamento da lagoa de sag (Figura 7.3) corresponde ao da falha de Dauki. A lagoa de sag (Reiter, 1990) na base da colina também indica movimento de falha (Coates *et al.*, 1988).

Figura 7.2 A imagem Landsat ETM+ mostra um charco, canais abandonados e a inversão do fluxo do canal na direção E-W no leque de Dhamalia, Bangladesh.

(3) Uma falha, com tendência NE-SW, passa ao longo do rio Thalang perto da fronteira internacional (Figura 7.1, sítio 2). Esta falha produziu uma deslocação de uma camada de argila branca de cerca de 7,5 m. Os dados dos furos de sondagem indicam que esta camada se encontra a cerca de 9 m de profundidade na margem esquerda, enquanto que se encontra a uma profundidade de 1,5 m na margem direita. Noutro caso, foi encontrada uma zona de esmagamento que produz brecha de falha a oeste do rio Thalang no leque de Bhugai (Figura 7.4) durante um levantamento de campo, embora não tenha sido identificado qualquer plano de falha.

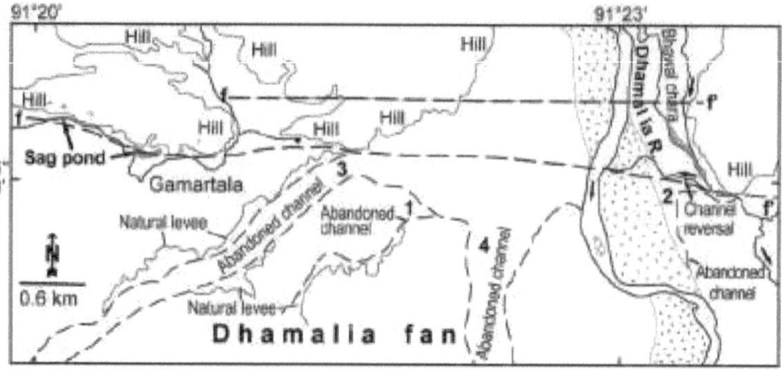

Figura 7.3 Geomorfologia da parte superior do leque de Dhamalia, mostrando mudanças de canal (numeradas de 1 a 4), traços de falha (f-f'), lagoa de sag, desvio de pequenos cursos de água na margem esquerda do rio Dhamalia, Bangladesh.

7.2 BAIRRO DE MADHUPUR

Os sistemas de drenagem entalhados no trato de Madhupur e as suas direcções de fluxo indicam uma inclinação para leste, oeste e sudeste. Muitos trabalhadores (Morgan e Mclntire, 1959; Hossain, 1986; Khandoker, 1987; Coates *et al.*, 1988) revelam a elevação do trato. A drenagem incisa, os vales suspensos e decapitados e a lagoa na base da escarpa ocidental indicam atividade neotectónica.

7.3 TERRAÇO DE MYMENSINGH

O terraço de Mymensingh apresenta características geomórficas de origem fluvial, mas não sofre inundações anuais, o que indica que a sua elevação é muito recente. O terraço contém bacias de inundação não modificadas, canais abandonados, diques naturais e outras características que indicam que não é significativamente mais antigo do que a planície aluvial moderna. Estas características são claramente identificáveis tanto nas imagens como no terreno. Durante o trabalho de campo, os habitantes locais informaram que o terraço não foi inundado nas cheias de 1988. Coates e Alam (1990) sugerem 2 m de elevação durante o Holocénico.

7.4 VENTILADORES ALUVIAIS

(1) Os leques ocidentais (longitudes 89° 55'E e 90° 35'E) foram desenvolvidos pelo rio Someswari ocidental, o rio Marisi, o rio Thalang

rio Bhugai e o rio Nitai (Figuras 1.1 e 6.1). Mais tarde, estes leques fundiram-se e formaram um grande leque, que é designado por leque Bhugai. Embora seja possível identificar muitos canais abandonados nas imagens, a sua identificação é muito difícil no terreno. O declive suave para sul da superfície do leque é claramente visível (Figura 7.5). O declive da superfície do leque foi medido como sendo de 1 m/km durante um levantamento de campo.

Figura 7.4 Fotografia da brecha de falha na margem de um riacho a oeste do rio Thalang no leque de Bhugai, a norte da cidade de Sherpur, Bangladesh.

O leque de Bhugai está coberto por um horizonte de solo silto-arenoso castanho-amarelado com cerca de 1 m de espessura. O solo também contém areia de seixos oxidados de grão grosso. A espessura do solo é praticamente a mesma da parte proximal à parte distal deste grande leque. O solo da atual superfície do leque favorece o cultivo intenso de arroz. O grau de desenvolvimento do solo (10 Y/R 6/8, castanho-amarelado; areia muito fina e silte com argila, tubos radiculares de cor castanha forte 7,5 YR 5/8; estrutura granular do solo; manchas amarelas incipientes; tocas de vermes, radículas presentes) também sugere que os sedimentos sofreram meteorização.

(2) O rio Marisi, proveniente de Garo Hills, atravessa a parte ocidental do leque de Bhugai e cai na planície de inundação/depressão a sul (Figura 7.1, sítio 2). Quando chega à planície de inundação, adopta o nome de Malijhi. A planície de inundação forma grandes depressões. É claramente visível uma

diferença abrupta de elevação (Figura 7.6) que foi estimada em cerca de 1 m entre o leque aluvial e as superfícies da planície de inundação. A largura do canal do rio Malijhi torna-se estreita depois de entrar na planície de inundação. O rio Marisi tem barras pontuais proeminentes quando atravessa o leque, mas adquire um carácter anastomoso na depressão da planície de inundação. Os canais anastomosados são de baixo gradiente, canais de carga suspensa que transportam apenas água de inundação que transporta principalmente uma carga suspensa e uma pequena carga de leito (Reineck e Singh, 1980). É interpretado que existe uma falha de tendência NW-SE (f2-f2' na figura 7.7) entre o leque aluvial e a planície de inundação. A comparação de mapas e imagens mostra que um dos canais foi deslocado de norte para sul entre 1967-68 e 1989, o que se deve à subsidência no lado descendente da falha. Mais uma vez, a confluência dos cursos de água foi deslocada para norte durante o mesmo período. A confluência situa-se a norte da falha. Isto deve-se, provavelmente, à inclinação para norte do lado de cima. Poucos quilómetros a leste desta ribeira, a mesma situação pode ser observada ao longo do rio Bhugai. Estas alterações são observadas ao longo de uma falha inferida. Novak e Soulakellis (2000) concluíram que nem todas as falhas são expressas topograficamente, mas um plano de falha pode alterar os padrões de drenagem.

Existe também uma falha inferida de tendência NW-SE f1-f1'; (Figura 7.7) a sul da falha f2-f2' ao longo da qual se encontram várias depressões grandes, que contêm água durante todo o ano.

Existem vários cursos de água jovens que atravessam o leque de Bhugai, incisos e sinuosos, com profundidades que atingem os 4,5 m.

(3) Na parte central do leque do Bhugai (Figura 7.1, local 2), tanto os cursos de água activos como os abandonados, que correm na direção N-S, fazem viragens à esquerda (Figura 7.7). Imediatamente após a viragem, o Thalang, o Marisi e o outro rio produzem fendas e o rio Bhugai alarga o seu canal, produzindo duas barras no meio do canal (Figura 7.8), ou seja, tornando-se uma ilha entrançada (Ouchi, 1985). O entrançado insular também é encontrado no rio Marisi ao longo do mesmo alinhamento. Provavelmente estas barras foram desenvolvidas devido à mudança de declive a sul da linha de tendência NW-SE. No entanto, estas características, isto é, fendas e barras, são vistas ao longo de uma linha de tendência aproximadamente NW-SE (f3-f3' na Figura 7.7). Neste caso, uma mudança distinta no curso do rio

numa direção preferida (Prakash *et al.*, 1989) pode ser interpretada como a área que está a experimentar atividade neotectónica com bastante frequência.

Figura 7.5 Vista panorâmica do leque de Bhugai, Bangladesh. O monte Garo situa-se no extremo norte. A direção do olhar é para norte.

Figura 7.6 Fotografia mostrando a diferença abrupta de elevação entre o leque de Bhugai e a planície de inundação. A direção do olhar é para norte.

Outro canal pequeno, mas incisivo e meandrante, também vira à esquerda e o seu leito torna-se mais raso. Pequenas alterações na sinuosidade do canal, ou seja, menor sinuosidade, também foram observadas nos rios Marisi, Thalang e Bhugai logo após cruzarem a linha, provavelmente devido ao declive mais acentuado. O aumento lento do declive pode fazer com que um rio aumente a sua sinuosidade e um rio com um curso menos sinuoso, talvez devido ao achatamento do declive pela subsidência tectónica ativa (Ouchi,

1985). Burnett e Schumm (1983) mostraram que abaixo do eixo de elevação a sinuosidade dos meandros aumentava. A partir das alturas dos pontos, é evidente que existe uma quebra topográfica de cerca de 1 m numa distância muito curta ao longo desta direção. Estas alterações em pequenos canais indicam que o acontecimento é muito recente ou que a deformação está em curso. Estas anomalias e esta rutura em altura podem ser interpretadas como o resultado de uma falha enterrada f3-f3' (Figura 7.7) ou podem ser devidas à compressão a partir do sul, produzindo um alto topográfico. Além disso, esta falha enterrada é paralela a outras duas falhas meridionais (Figura 7.7).

(4) Foram identificados e medidos terraços de dois níveis no rio Thalang (Figura 7.9) no leque de Bhugai (Figura 7.1, sítio 2) durante a estação seca. Um está a 4,57 m e o outro a 2,44 m acima do nível da água do rio, o que é indicativo de atividade neotectónica. Os terraços foram distinguidos com base na sua posição acima dos actuais cursos fluviais e numerados do mais novo para o mais antigo (Amorosi *et al.*, 1996). Num estudo, Li *et al.* (1998) também mediram os terraços a partir do nível da água do rio durante a estação seca. A linearidade do curso do rio, as características semelhantes a degraus ao longo das margens e as superfícies de aplanação indicam um possível neotectonismo numa área (Mishra *et al.*, 1989). Krzyszkowski e Stachura (1998) mostraram que os efeitos geomorfológicos das elevações são o abandono de vales (Ghosh, 1952; Sareen *et al.*, 1993), a formação de vales fluviais profundos, formas variadas de vales recém-incididos, números variáveis de terraços, etc. Os rios tornaram-se inactivos devido a uma mudança para um clima mais seco e/ou devido ao tectonismo (Prasad *et al.*, 1998). A formação episódica de terraços foi mencionada por Ritter (1972) e Schumm (1977). Bridgland (2000) e Chamyal *et al.* (2002) mostraram terraços elevados do Holoceno, meandros entrincheirados que sugerem actividades neotectónicas.

(5) Foi observada uma diferença topográfica de cerca de 1,5-2 m entre as margens esquerda e direita do rio Bhugai. Esta diferença de elevação é indicativa de falhas (Das e Chattopadhyay, 1993). Os dados sísmicos mostram que ao longo das longitudes 90° 15'E e 91° 00'E (Figura 4.3) a frequência dos sismos é mais elevada. Assim, o rio Bhugai deslocou-se sempre para oeste. Mais uma vez, devido à subsidência que ocorre na parte sul ou à elevação na parte norte, as confluências fluviais (numeradas de 1 a 5 na figura 7.7) do Bhugai abandonado e do Bhugai ativo deslocaram-se sempre para sul. Schumm (1986) mostrou que um rio, em geral, deve deslocar-se numa direção descendente ou descendente. As mudanças na

sinuosidade do meandro podem ser devidas a pequenas mudanças de declive (Schumm, 1993) resultantes dos movimentos da terra. Um ribeiro estreito, sinuoso e incisivo corre paralelamente ao rio Bhugai ao longo do seu lado oeste e nunca se junta a este último até cair na depressão da planície aluvial a sul. O primeiro é mais jovem e muito mais pequeno do que o rio Bhugai. Topograficamente, a margem oeste é mais elevada do que a margem leste. Nesta situação normal, o pequeno riacho deveria juntar-se ao rio Bhugai, mas não o fez. Provavelmente, uma ligeira inclinação para oeste pode impedi-lo de se juntar ao rio Bhugai. Todas estas evidências indicam que o rio Bhugai está a fluir através de uma zona fraca de tendência N-S.

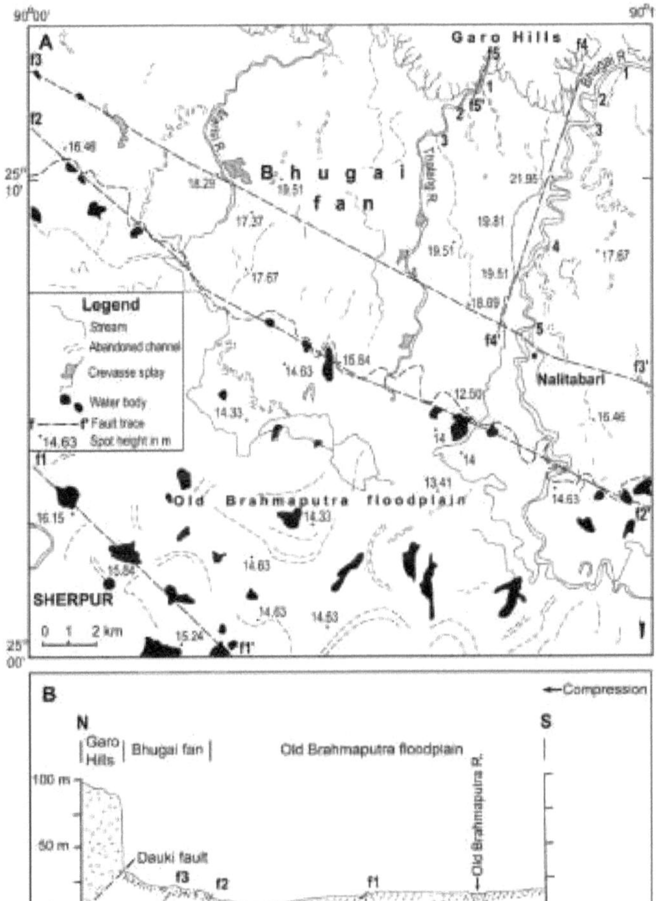

Figura 7.7 Geomorfologia da maior parte do leque de Bhugai mostrando elementos estruturais (A) e secção esquemática N-S (B).

Figura 7.8 A imagem pancromática SPOT mostra as fendas no leque de Bhugai e as barras de canal no rio Bhugai ao longo de uma linha de tendência NW-SE.

Figura 7.9 Terraços ao longo do rio Thalang no leque de Bhugai, Bangladesh. As direcções do olhar são para norte e noroeste para as fotografias superior e inferior, respetivamente.

(6) Os mapas topográficos mostram que o rio Someswari (Figura 7.1, sítio 3) costumava fluir a leste de Birisiri no início da década de 1950 e mudou o seu curso a oeste de Birisiri para seguir um curso retilíneo em direção ao sul.

O regime superior do rio Someswari é entrançado, a parte média é de meandros baixos e a parte inferior é reta (Figuras 7.10 e 7.12). O entrançado do curso atual prevalece até à parte média do leque. A redução do gradiente do vale pode resultar numa mudança de um canal entrançado para um canal meandrante (Bristow, 1987). Embora seja um rio grande, tem apenas alguns cursos antigos marcados por cicatrizes de diques naturais. Os cursos abandonados eram meandrantes. A densidade dos cursos abandonados é maior no lado oriental do que no lado ocidental. As imagens e os mapas identificaram deslocações de canais no leque de Someswari. Muitos destes deslocamentos ocorreram muito recentemente e as alterações foram descritas em termos temporais nos parágrafos seguintes. No lado oeste do atual curso do rio Someswari, existe um pequeno riacho de fluxo NE-SW que é incisivo e tem um padrão angular. Este padrão angular também é observado mais a oeste, mas é muito pequeno e difícil de reconhecer tanto na imagem como no terreno.

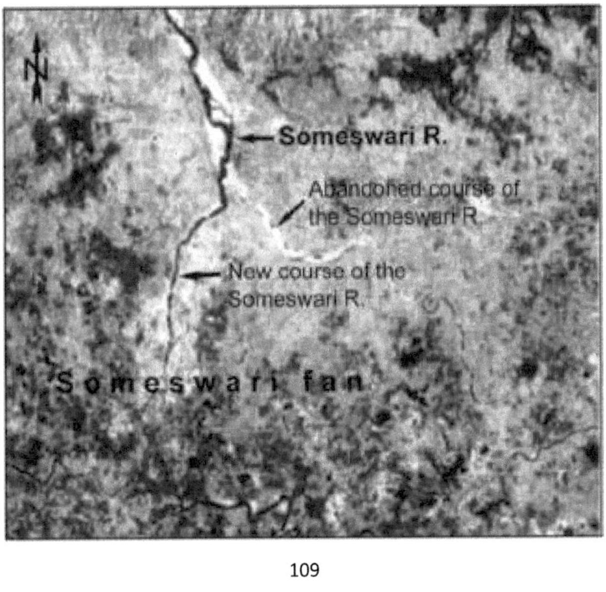

Figura 7.10 O leque de Someswari, Bangladesh, na imagem Landsat MSS (B7) de 10 de fevereiro de 1985.

Período anterior a 1951-1952: O mapa topográfico de 1951-52 era o mais antigo mapa de grande escala disponível desta área. No lado oriental da atual

O rio Someswari tinha 5 cursos abandonados, dos quais 4 tinham a direção do fluxo aproximadamente no sentido E-W, paralelamente um ao outro, e os restantes na direção sul (Figura 7.11A). O canal mais a norte (provavelmente o curso mais antigo) é altamente sinuoso e uniforme com um dique natural bem desenvolvido. Os outros cursos são meandrantes de baixa sinuosidade e não têm diques naturais bem desenvolvidos. Provavelmente, as mudanças nos declives influenciaram as mudanças na sinuosidade. Existe um curso abandonado a oeste do curso atual com uma direção de fluxo NE-SW, que também tem um carácter meândrico. Não se conhece a época de deslocação e abandono destes cursos, mas as suas expressões geomórficas indicam que se trata de acontecimentos recentes. A deslocação destes cursos pode ser um acontecimento episódico devido, provavelmente, ao levantamento sísmico ou a inundações. Se foi devido a uma inundação, foi necessário um rio igualmente grande para descarregar depósitos tão grandes ou a descarga pode ocorrer na planície de inundação. Mas tais evidências dificilmente podem ser reconhecidas aqui.

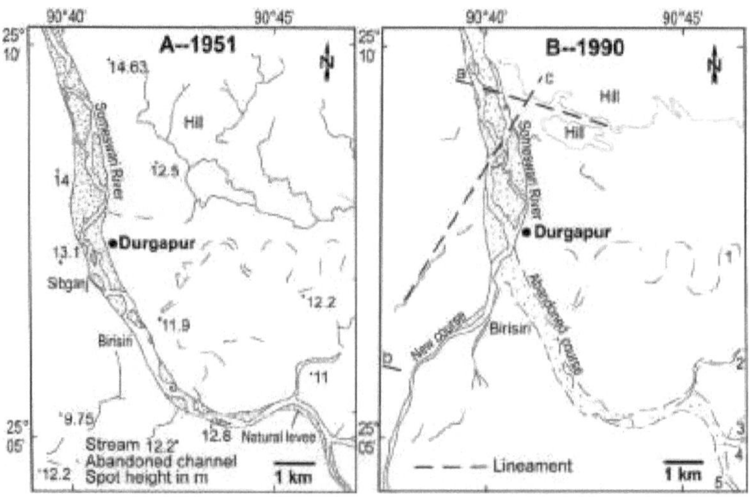

Figura 7.11 Deslocação recente do rio Someswari, Bangladesh.

Período 1952-1990: O rio Someswari, que corre para leste, mudou subitamente o seu curso para oeste, seguindo um curso retilíneo para sul (Figura 7.11B). O novo curso não teve tempo suficiente para construir um dique natural. Como as margens adjacentes aos canais recém-formados são praticamente

horizontal (Cazanacli e Smith, 1998), não se desenvolveu nenhum dique natural. Um canal reto pode desenvolver-se a jusante de uma área subsidiada (Ouchi, 1985). Ocorreu um alargamento do canal na parte entrançada do rio a norte da cidade de Durgapur durante este período e as barras também mudaram as suas posições e tamanhos. Os idosos locais informaram que, durante a década de 1960, numa noite de chuva, o rio mudou de curso, destruindo lojas e terrenos do bazar de Sibganj, situado na margem direita do rio. Recordaram também que ocorreu um terramoto alguns dias antes desta mudança, embora não conseguissem memorizar a data. O traçado dos epicentros dos terramotos mostra uma concentração ao longo de uma linha N-S que passa a oeste do rio Someswari (Figura 4.3). Um terramoto (sl. no 44, Apêndice 1) ocorreu em junho de 1963 nesta linha. As actividades tectónicas controlam as alterações geomórficas e do sistema fluvial (Ghosh, 1992; Smith *et al.*, 1997).

Período posterior a 1990: A interpretação das imagens Landsat TM de novembro de 1991 e fevereiro de 2000 mostra que um pequeno canal abandonado a norte da cidade de Durgapur, com uma direção de fluxo para leste, foi rejuvenescido (Figura 7.12) após 1990. Este pequeno canal sinuoso, denominado rio Atrakhali, era um canal abandonado no mapa de 1951-52, nas fotografias aéreas de 1975 e mesmo na imagem SPOT de 1990. Estes mapas e imagens não mostram qualquer indício de fluxo de água através do canal. Mesmo o canal não reagiu durante a maior cheia de 1988. O rio foi rejuvenescido (Alam e Islam, 2004), provavelmente, em resposta aos terramotos ocorridos em agosto e setembro de 1991 no lado sudeste do leque. Uma visita de campo recente mostra que o canal é agora largo.

(7) No lado norte do leque de Lengura (Figura 7.1, sítio 4), as colinas obrigaram os cursos de água a desviarem-se pelo menos em dois locais (pontos 1 e 2 na figura 7.13). Ao longo desta linha, a mudança de posição (a e b) do rio Lengura também pode ser observada. Estas anomalias podem ser vistas ao longo de uma linha de tendência aproximadamente NWW-SEE. Outras anomalias encontradas no leque são cursos de água com diferentes características e direcções de fluxo. A oeste do rio Lengura são rectangulares e fluem para sul, e a leste do rio são meandrantes e fluem para sudeste. Estes

desvios e alterações podem ser atribuídos a movimentos laterais (Schumm, 1977). Nandy (2001) mostrou que a falha de Dhudnoi, com tendência N-S, segue aproximadamente 90°47'E de longitude e os rios correm ao longo desta longitude.

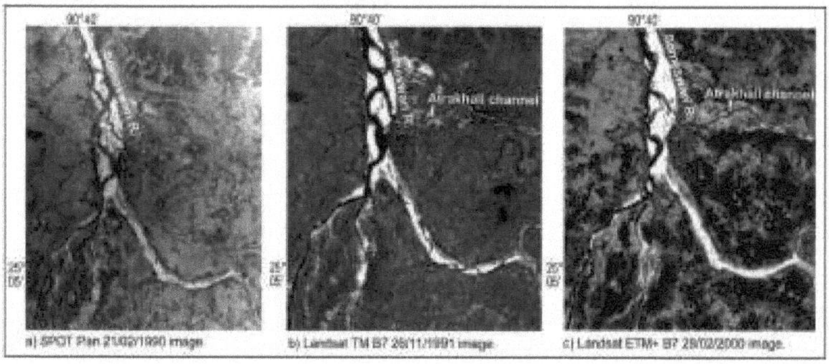

Figura 7.12 Rejuvenescimento do canal Atrakhali e alargamento do rio Someswari, Bangladesh, durante o período 1990-2000.

O rio Lengura pode ser controlado por esta falha. O rio tem um dique natural, barras pontuais e não mostra evidências de migração do canal em tempos muito recentes. O canal é em forma de caixa com uma altura de 1.5 m e largura de 25 m. A expressão morfológica dos lineamentos é mais claramente representada por anomalias na rede de drenagem (Panizza e Castaldini, 1987).

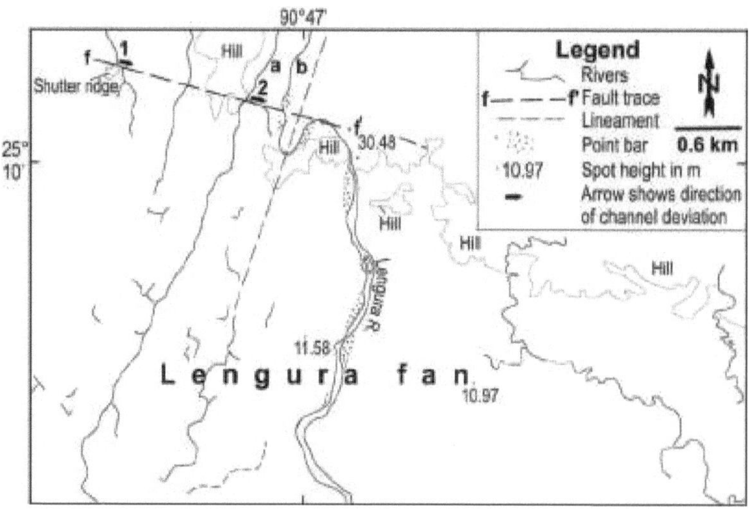

Figura 7.13 Desvio de cursos de água em dois locais (1 e 2), deslocação do rio

Lengura da posição a para b e diferença nas características de drenagem nas suas duas margens.

(8) O leque de Mahadeo (Figura 7.1, sítio 5) desenvolveu-se a sul da falha ativa de Dauki. O leque apresenta uma geomorfologia típica de leque (Figura 7.14) e características sedimentares. Um lineamento proeminente passa aproximadamente na direção WNW-ESE através do leque. A tectónica ativa da área é expressa pelo deslocamento do rio e reativação de canais (Figura 7.15), diferença nos perfis do solo nas partes proximal, média e distal do leque (Alam, 2004), anomalias na densidade e características da drenagem, padrões de distribuição de sedimentos, anomalias ao longo de determinada direção e localização. Mas provavelmente nem todas as deslocações do rio ocorreram devido a processos geomorfológicos, mas também devido a actividades neotectónicas, especialmente as alterações pós-1988.

Um distribuidor começa a fluir a partir da margem esquerda do rio Mahadeo, que segue o lineamento por uma distância considerável. O distribuidor é um canal meandrante e as areias frescas são depositadas nas barras pontuais de pequenas dimensões, e vários cursos de água meandrantes e incisos de tendência NW-SE juntam-se ao distribuidor. Não se encontra nenhum curso de água de grande dimensão abaixo do lineamento no lado leste do rio Mahadeo. Sedimentos mais jovens foram depositados ao longo do curso principal abandonado do rio Mahadeo a sul do lineamento; e um padrão trançado pouco desenvolvido é observado no atual canal Mahadeo a sul do lineamento.

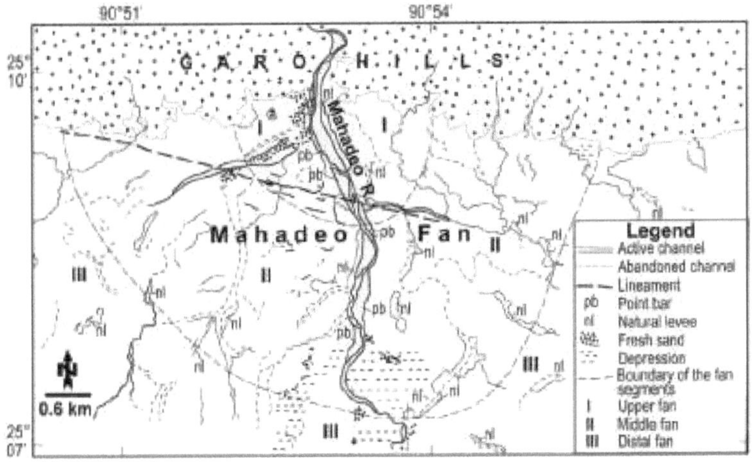

Figura 7.14 Geomorfologia do leque de Mahadeo, Bangladesh (Modificado de Alam, 2004).

As areias frescas foram depositadas como splay de fendas na parte distal do leque. Esta deposição ocorre, provavelmente, devido à elevada precipitação durante a estação das chuvas, uma vez que estas areias se restringem apenas ao longo dos cursos principais como splay.

Estas evidências indicam que a parte norte do lineamento, ou seja, as áreas montanhosas, foi elevada. Devido à lenta elevação, os pequenos cursos de água aumentam a sua sinuosidade em meandros. Os cursos de água mostram também terraços devido à incisão (Figura 7.16). O perfil do solo na parte distal mostra um maior grau de desenvolvimento do solo, que também suporta a elevação nas áreas montanhosas, evidenciada pela deposição de sedimentos frescos na parte apical do leque. Quando a taxa de soerguimento da frente da montanha é elevada em relação à taxa de corte do canal na montanha e à deposição do leque, tende a ocorrer a deposição da cabeça do leque (Bull, 1964), e o segmento mais jovem do leque encontra-se perto do ápice do leque (Keller, 1986).

Mudanças no curso do rio: O canal do Mahadeo mudou várias vezes tanto na direção leste como na direção oeste (Figura 7.15). Muitos dos cursos passados foram identificados em diferentes imagens. De acordo com a população local, a mudança ocorre num período de 10 a 20 anos. A parte a jusante, ou seja, a sul do lineamento, do rio Mahadeo oscila na direção este-oeste, mas a parte apical permanece estável. As mudanças nos cursos dos rios durante o período 1967-2000 são mostradas na figura 7.15. A densidade dos cursos abandonados é maior no lado ocidental do que no lado oriental (Figura 7.14). Os cursos abandonados têm também diques naturais. Um curso abandonado de dimensão igual à do curso atual situa-se no lado oeste. Este é o único canal abandonado que tem a mesma dimensão do rio Mahadeo ativo.

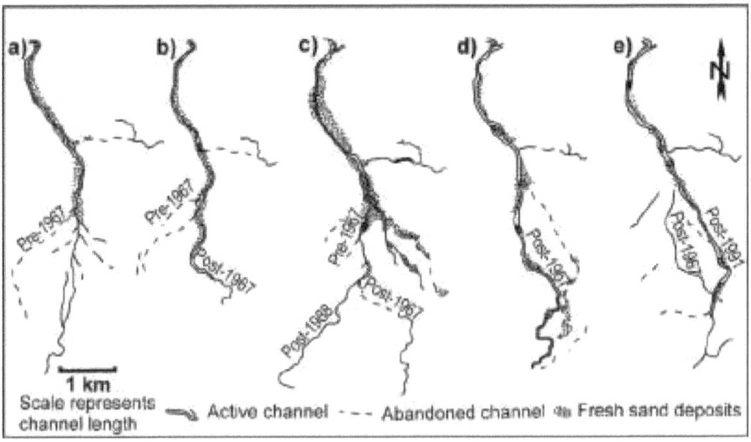

Figura 7.15 Mudanças no canal principal do rio Mahadeo durante 19672000 (Após Alam, 2004).

Não se conhece o tempo de abandono do canal anterior a 1967 e o canal nunca foi ativado de novo durante os períodos posteriores (Figura 7.15). Registou-se uma mudança notável após a cheia de 1988. Também se notam muitas alterações durante o período 1989-2000. Outra alteração importante é a reativação, após 1972-73, de um distribuidor do rio Mahadeo na sua margem esquerda que segue o lineamento.

Não se conhece o momento em que o rio Mahadeo principal se deslocou do oeste para o seu atual curso leste, mas o terramoto de 19/5/1945 (sl. nº 27, Apêndice 1) pode ser responsável por isso. O seu epicentro situa-se no leque. A reativação do canal de distribuição pode estar relacionada com o terramoto de 19/2/1986 e 6/2/1988. As outras deslocações, ou seja, as alterações ocorridas após 1991, podem dever-se a processos geomorfológicos.

A elevação a norte do lineamento ESE- WNW, que aumenta a deposição de sedimentos a sul do lineamento, sugere uma atividade recente ao longo do lineamento (Alam, 2004). Assim, encontram-se sedimentos frescos no meio do leque, que podem ser depositados durante precipitações elevadas que causam inundações repentinas. O registo de madeira em profundidade sugere que a área a sul do lineamento está a diminuir.

(9) A norte da aldeia de Shantipur e a oeste do rio Jadukata (Figura 7.1, sítio 6), pode observar-se um alargamento anormal a uma distância muito curta em três canais de distribuição consecutivos (Figura 7.17a) que correm para

norte. Os pontos de alargamento dos três canais podem ser ligados por uma linha de tendência E-W. Esta linha pode ser o traço de uma falha da Zona de Falha de Dauki. No entanto, esta evidência pode ser melhor observada nas fotografias aéreas.

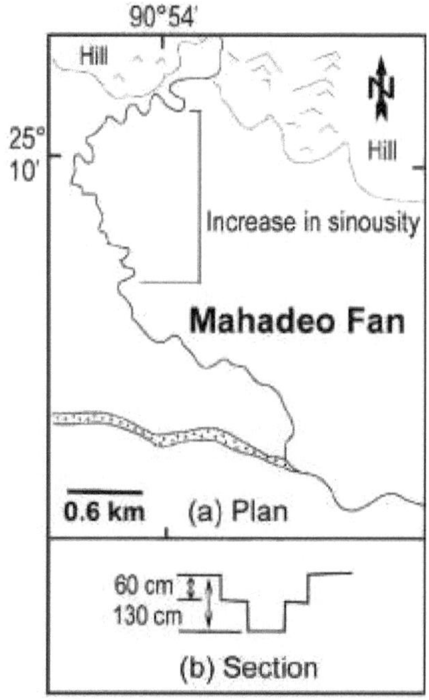

Figura 7.16 Um pequeno ribeiro na parte superior do leque de Mahadeo mostra um aumento súbito da sinuosidade (a) e do terraceamento (b).

(10) Há muitos rios, formando leques aluviais, como Someswari, Dhamalia, Jadukata, que têm 2 a 3 níveis de barras pontuais. No leque de Jadukata foram encontradas barras de 3 níveis (Figura 7.1, local 6), que se encontram a 1,3 a 2, 4 e 7 m acima do nível da água do rio durante o mês de dezembro (Figura 7.17b). A barra superior está coberta por um solo siltoso pouco desenvolvido de cor cinzento-amarelada escura com textura granular a em blocos, tubos de raízes e coberto com erva densa. A barra intermédia é composta por areia de grão fino a médio, de cor castanha escura, com cobertura de erva esparsa. A barra mais baixa é composta por areia angular de grão grosso de cor cinzenta amarelada muito clara. As barras de vários níveis podem ter-se formado devido à elevação da área ou à subsidência (Ouchi, 1985) na parte a jusante da área.

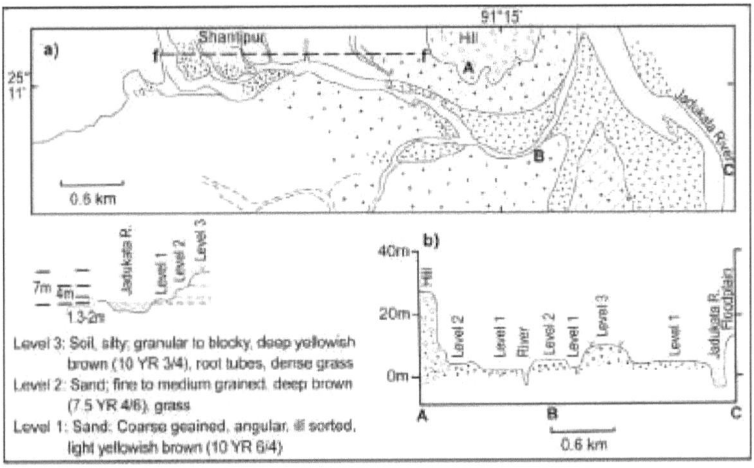

Figura 7.17 Traço de falha provável (f-f') no oeste do rio Jadukata (a) e barras de vários níveis no rio (b). (Segundo Alam e Islam, 2017).

(11) Nas imagens Landsat ETM+ posteriores a 1998, foi identificado o desenvolvimento de um entrançado moderado no leito do rio Dhamalia (Figura 7.1, sítio 1). Este entrançamento está ausente na fotografia aérea de 1975, na imagem SPOT de 1990 e mesmo na imagem Landsat TM de 1991. Os dados relativos à precipitação registados na estação de Sylhet e os dados relativos ao nível da água registados na estação de Jhalukhali (Figuras 7.18 e 7.19) em Muslimpur, perto do rio Jadukata, mostram que a precipitação foi elevada nos anos de 1991, 1993, 1998 e 2000 e que o nível da água foi mais elevado no mês de junho de 1991. Se a elevada precipitação e o nível da água são a causa

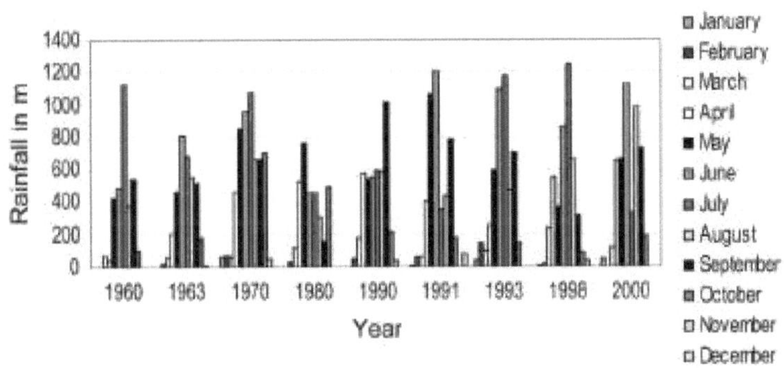

Figura 7. 18 Precipitação mensal na estação de Sylhet (Bangladesh) para anos

seleccionados.

de formação das barras, então estas teriam sido vistas logo após a estação chuvosa de 1991. A partir das imagens de variação temporal, observa-se que estas se formaram mais tarde. Vários sismos (sl. n.º 136 e 147, Anexo-1) ocorreram em 22/8/1991 de magnitude 4,7 e em 12/12/1992 de magnitude 5,0. Para além disso, pode ser observada uma concentração de ocorrências de sismos (sl. no. 90, 91, 98, 147, 248; Apêndice-1) ao longo de uma linha de tendência N-S. Outro ponto interessante a assinalar é a viragem de um canal de fluxo NW-SE para a direita para se juntar ao Dhamalia a oeste, que pode ser visto na fotografia aérea de 1975. Mas mudou o seu curso para sul deixando o rio Dhamalia, o que é muito claro na imagem Landsat ETM+ de 2000 (Figura 7.2 e 7.20). O terramoto de 22/8/1991 pode ter tido alguma influência no declive do canal, o que favoreceu a formação de entrançados no rio Dhamalia (Figura 7.20c). A elevada atividade sísmica (Barua *et al.*, 1995) e a tectónica ativa têm grande influência nos cursos dos rios. Esta mudança pode ser um reflexo do ajustamento do canal ao seu gradiente e secção transversal (Leopold e Wolman, 1957; Reineck e Singh, 1980; Ouchi, 1985; Schumm, 1993; Goswami *et al.*, 1999).

(12) As elevações nos leques ocidental e oriental da área de estudo variam entre 23 m e 3,5 m, respetivamente. A distância entre estes leques é de cerca de 150 km. Devido à falta de dados de elevação com espaçamento próximo, ainda não é claro se a mudança é gradual ou se há quebras acentuadas em determinados pontos. No entanto, existem algumas evidências geomorfológicas que permitem pensar que existe uma descida topográfica em direção a leste. Devido à rutura inferida, os cursos de água que atravessam a frente da colina têm características diferentes, ou seja, os cursos de água seguem zonas fracas e os leques aluviais apresentam características diferentes. Outra evidência é a presença de um lineamento de tendência N-S perto de 91° 15'E longitude (através do leque de Jadukata) ao longo do qual 11 cursos de água, incluindo grandes rios como Jadukata e Punya (Surma), fazem curvas (Figura 7.21a e b). Este lineamento atravessa terrenos de calcário e arenito do Terciário no Maciço de Shillong, e piemonte e planícies de inundação do Recente. Das *et al.* (1995) mostram que o rio Jadukata faz uma curva antes de entrar no Bangladesh. A curvatura, mesmo em pequenos cursos de água, indica que o rio ainda está ativo. O desenvolvimento de loops consecutivos na drenagem dispostos em tendências lineares são talvez indicativos de atividade neotectónica (Pal *et al.*, 1989; Mishra *et al.*, 1989). Os dados geomorfológicos e geodésicos (altura do ponto) (Mazumdar *et al.*,

2001) indicam neotectonismo.

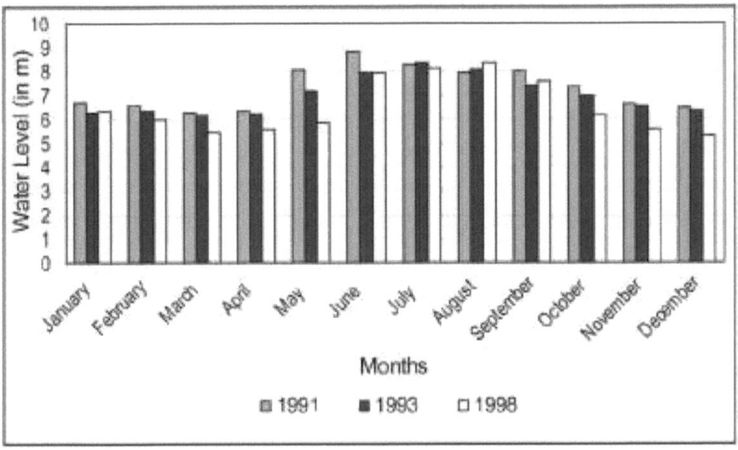

Figura 7. 19 Nível da água no rio Jhalukhali em Muslimpur (perto do rio Jadukata), Sunamganj, Bangladesh para anos seleccionados.

(13) Se o padrão de distribuição de terramotos dentro e à volta da área de estudo for considerado (Figura 4.3), a concentração de terramotos é claramente vista ao longo das longitudes de 90O15'E e 91 OE. Vários grandes terramotos ocorreram ao longo destas linhas de tendência N-S, especialmente os terramotos de 1897, 1918 e

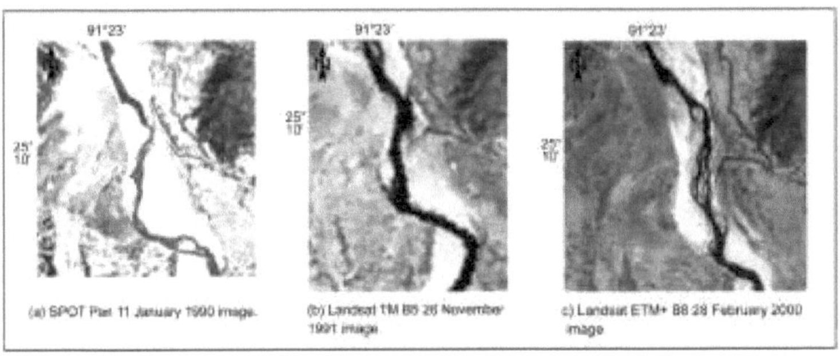

Figura 7.20 Alterações no rio Dhamalia, Bangladesh, durante o período 1990-2000.

1923 (sl. no. 2, 4 e 5; Apêndice 1) ocorreram ao longo de 91° E de longitude. É interessante notar que não há concentração de terramotos na área a oeste da longitude 90OE. Além disso, as ocorrências de terramotos também podem ser observadas ao longo de algumas zonas de tendência E-W. Uma dessas zonas segue a tendência da Zona de Falha de Dauki. Como foi interpretado anteriormente que existem blocos de tendência N-S separados por zonas fracas dentro da área de estudo, a concentração de terramotos e os dados topográficos apoiam este facto. Existe uma grande depressão (Figura 1.1), entre o leque Mahadeo e o leque Jadukata. Os rios ocidentais correm em direção a leste e o Jadukata e outros rios orientais correm em direção a oeste para cair na depressão. A área também é topograficamente tão baixa quanto 3m. Nesta depressão ocorreram vários terramotos (1897, 1918 e 1923) ao longo de 91° de longitude.

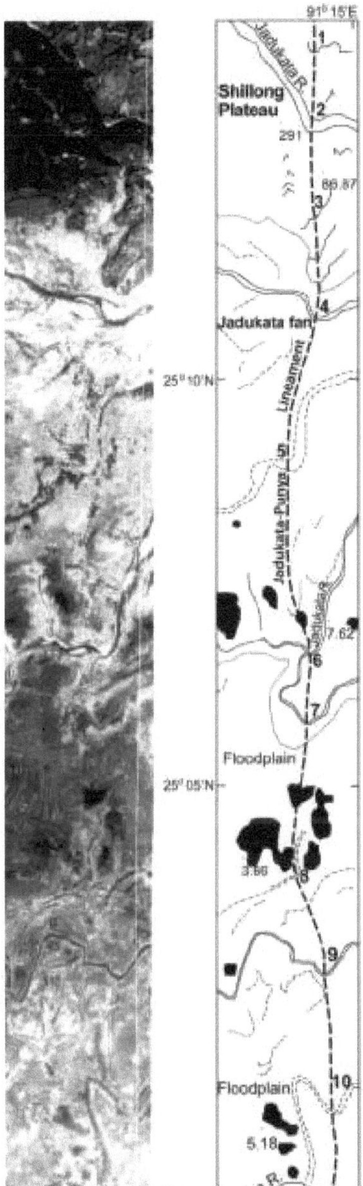

Figura 7. 21 Curvas em 11 rios (numerados de 1 a 11) ao longo do lineamento Jadukata-Punya de tendência N-S, representado por uma linha tracejada. Imagem

pancromática SPOT (esquerda) e mapa (direita); altura do ponto ^291 em m (Modificado de Alam e Islam, 2017).

(14) Não são claras as evidências de formação de leques aluviais para além da longitude oeste de 90° E. Esta área situa-se a sul das colinas de Garo e perto do rio Brahmaputra, encontrando-se acima do nível anual das cheias. A partir da elevação pontual, estima-se que a inclinação regional desta parte seja em direção a sudeste. Provavelmente, a deformação, que provoca uma inclinação local para norte, impede o desenvolvimento do leque.

(15) Foram identificados três tipos de cursos de água no leque de Bhugai (Figura 7.1, sítio 2). Trata-se de (i) canais largos e abandonados com diques naturais bem desenvolvidos, (ii) canais estreitos e sinuosos com barras pontuais distintas, e (iii) canais pequenos, incisos e estreitamente sinuosos. Estas características indicam elevação e abandono do processo.

Foram identificados três tipos de cursos de água no leque de Dhmalia (Figura 7.1, sítio 1): (i) canal sinuoso com dique natural bem desenvolvido, (ii) canal incisivo e fortemente sinuoso com dique natural, e (iii) canal incisivo e pouco sinuoso sem dique natural. Estes indicam elevação, bem como um processo ativo em curso, que fornece sedimentos suficientes.

Os rios meandrantes com diques naturais tiveram tempo suficiente para desenvolver diques naturais, enquanto os cursos de água sem diques naturais indicam uma idade muito recente, ou seja, tiveram pouco tempo ou não tiveram tempo suficiente para construir diques naturais. A elevação rápida resultou em incisão e aumento da sinuosidade. A deformação lenta e não sísmica está a ocorrer no leque de Bhugai, resultando em incisão. No leque de Mahadeo, um pequeno ribeiro mostra um aumento súbito da sinuosidade no regime superior e o ribeiro tem dois níveis (130 cm e 60 cm) de terraços (Figura 7.16). Este aumento da sinuosidade indica uma subida rápida. A consequência da elevação é a incisão dos rios (Das e Chattopadhyay, 1993).

7.6 PLANÍCIES ALUVIAIS

(1) Na planície de inundação do Brahmaputra, um distribuidor do rio principal Jinjiram, também conhecido como rio Jinjiram, costumava correr perto da colina de Garo. Um rio chamado Rongkhali (Figura 7.1, sítio 7), proveniente das colinas de Garo e com uma direção de fluxo de SW, juntou-se ao distribuidor Jinjiram por vezes antes da década de 1960. Mas no mapa topográfico de 1966-67, a parte superior do distribuidor Jinjiram é mostrada

como abandonada e a sua parte inferior é mostrada como estando em estado de degradação. Além disso, o rio Rongkhali deixou o distribuidor Jinjiram e corre para norte, juntando-se ao rio Jinjiram principal (Figuras 7.22 e 7.23). Todas estas alterações podem ser claramente identificadas na imagem SPOT adquirida em 1989 (Figura 7.22). Embora as alterações sejam pequenas, podem ser atribuídas ao terramoto de Dhubri de 1930. Não existe ainda nenhum outro documento que permita datar a altura em que as alterações ocorreram. Nandy (2001) mostrou uma falha de tendência E-W (Falha de Dapsi) que se encontra com a Falha de Jamuna de tendência N-S num ângulo reto, paralela a aproximadamente 25° 30'N de latitude. No entanto, Das *et al.* (1995) mostraram que a falha se formou devido à força de compressão NNE-SSW. O rio Rongkhali é um rio incisivo e sinuoso num amplo vale nas colinas de Garo. A evolução da situação atual pode ser explicada pelo movimento da placa indiana para norte, que provoca deformações na zona. O curso do rio pode ser afetado pela deformação estrutural e pela atividade neotectónica (Morgan e McIntire, 1959). O declive regional da planície de inundação de Brahmaputra está virado para sul, com uma taxa de 26 cm/km. Nestas condições, não é habitual que um curso de água siga a direção oposta à do declive regional. Barua *et al.* (1995) referem que se registou um desenvolvimento interessante, que é a captura do rio Jijiram como afluente do rio Brahmaputra.

(2) A planície de inundação (Figura 7.1, sítio 8) a oeste das colinas de Garo tem quatro níveis de elevação (Figura 7.24). O leque aluvial situa-se acima destes níveis. As elevações das diferentes superfícies são 19,81 m, 18,30 m, 16,76 m e 15,2415,84 m. A elevação do leque aluvial é >21,34 m.

As superfícies da planície de inundação foram designadas como superfície de Kurua (19,81 m: mistura de argila cinzenta e castanha clara), superfície de Bakhshiganj (18,30 m: areia e silte argiloso castanho claro e cinzento), superfície de Dewanganj (16,76 m: silte argiloso cinzento) e superfície de Malmara (15,24 m: areia cinzenta). Nos terraços escalonados da planície de inundação com limites nítidos, foram identificadas diferenças de elevação distintas com características geomórficas próprias de cada superfície geomórfica (Figura 7.24). A elevação da planície de inundação pode ser explicada pela existência de uma falha N-S, ou seja, a falha de Jamuna ao longo do rio Brahmaputra. A elevação a leste da falha ou a subsidência a oeste da falha favorece o desvio do antigo Brahmaputra para o rio Jamuna e cria estas superfícies. A elevação contínua provoca a incisão dos canais que passam de uma superfície para a outra. Verifica-se que vários afluentes correm para sul para se juntarem ao Brahmaputra em vez de correrem para oeste, onde a distância posterior é muito mais curta. Estas evidências podem ser atribuídas à atividade neotectónica. Chen e Liu (2000) mostram uma correlação entre a diferença de elevação e as diferentes unidades geomórficas e Mazumdar *et al.* (2001) considera que essas superfícies podem ser controladas estruturalmente.

(3) Três grandes depressões ao longo de um alinhamento NW-SE (figura 7.25) a norte da cidade de Sherpur (figura 7.1, sítio 9) indicam uma zona de fraqueza. As depressões contêm água durante todo o ano e esta área fica profundamente inundada durante a estação das chuvas. As dimensões longas destas depressões estão também ao longo da direção NW-SE.

(4) Foram identificadas quatro superfícies geomórficas na antiga planície de inundação do Brahmaputra (Figura 7.1, sítio 10) a norte do rio, na zona de Phulpur-Nakla. A parte sul do rio é uma zona elevada, que não sofre inundações anuais. Mesmo a superfície permaneceu acima da cheia de 1988. As superfícies foram apresentadas como S1, S2, S3 e S4 na parte norte, e S5 (terraço de Mymensingh) na parte sul (Figura 7.26). As elevações das superfícies da antiga planície de inundação do Brahmaputra são 14,94-10,97 m, 13,72-9,75 m, 15,54-11,58 m, 13,72-10,97 m (mas algures 8,23 m), e do terraço de Mymensingh são 15,25-13,72 m.

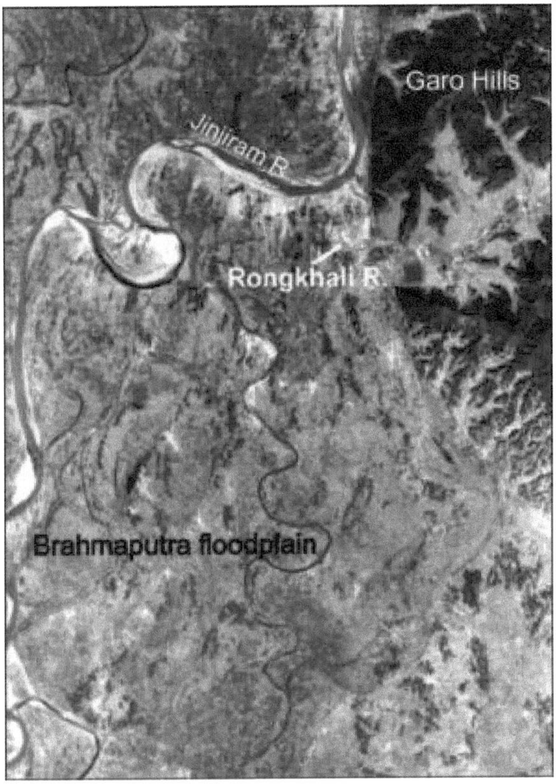

Figura 7.22 Mudança na direção do fluxo do

Rio Rongkhali na imagem pancromática SPOT de 1989.

Terraço de Mymensingh (S5): Esta superfície situa-se a sul do antigo rio Brahmaputra. Também apresenta um rio meandrante abandonado, mas o número e a dimensão dos canais abandonados são muito inferiores aos das superfícies S4, S3 e S2. As depressões são de diferentes tamanhos e cerca de 30% destas depressões permanecem secas durante a estação seca. Estão presentes na superfície cursos de água com incisões. Os sedimentos do terraço são castanhos claros, castanhos em profundidade, compactos, siltosos e argilosos.

Superfície de Dhukuria (S4): Canais secos, largos e abandonados (> 0,5 km) com diques naturais bem desenvolvidos. Os canais têm orientações NS ou NW-SE. Há um pequeno número de depressões, a maioria das quais seca durante o verão. A parte oriental da superfície é mais húmida do que a parte ocidental, o que é indicado pelo tom. O declive da superfície é em direção a este. Os sedimentos são franco-cinzentos na parte superior e franco-castanhos profundos na parte inferior.

Superfície de Phulpur (S3): As cristas curvas dos canais abandonados são facilmente identificáveis. A largura dos canais é inferior à de S4. O número de depressões é muito superior ao de S4 e estas depressões contêm água mesmo nos meses de janeiro-fevereiro. Muitas das depressões foram formadas pelo abandono dos canais identificados a partir das formas lineares/alongadas. Estas são < 0,50 km na dimensão curta. O rio Kharia, um distribuidor do antigo rio Brahmaputra, que anteriormente alimentava o rio Kangsa a norte, encontra-se atualmente em estado de degradação. A elevação perto da confluência do Kharia com o antigo Brahmaputra é de 13m e perto da confluência com o Kangsa é de cerca de 10,36m. Provavelmente, a deslocação do antigo rio Brahmaputra para sul é a causa da degradação do rio Kharia. O seu sedimento é argiloso cinzento.

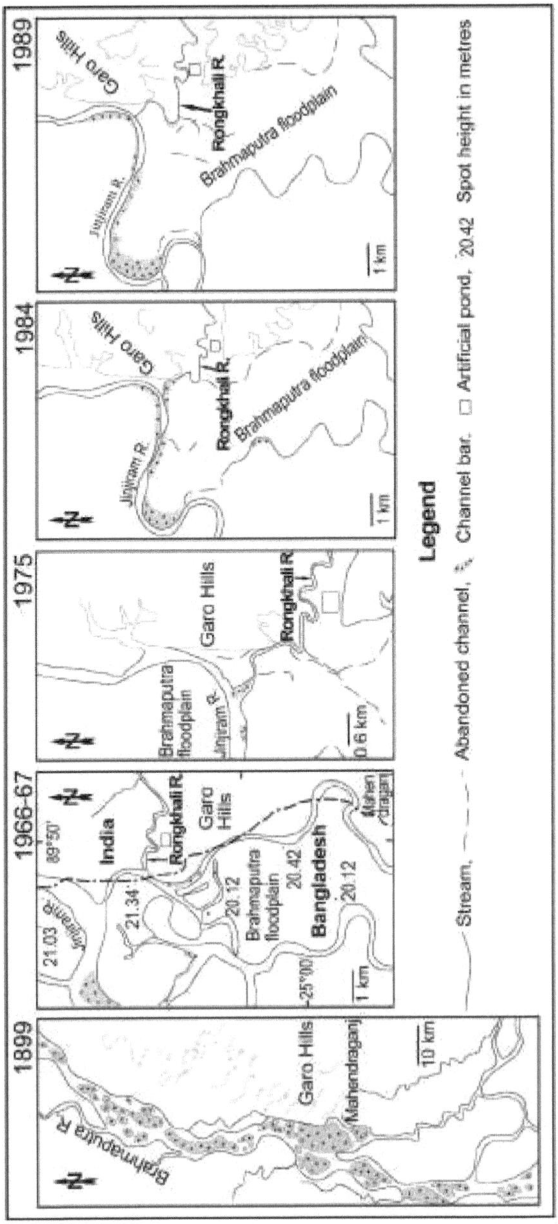

Figura 7.23 Mudanças na direção do fluxo do rio Rongkhali na planície de inundação do Brahmaputra, Bangladesh, durante o período 1899-1989.

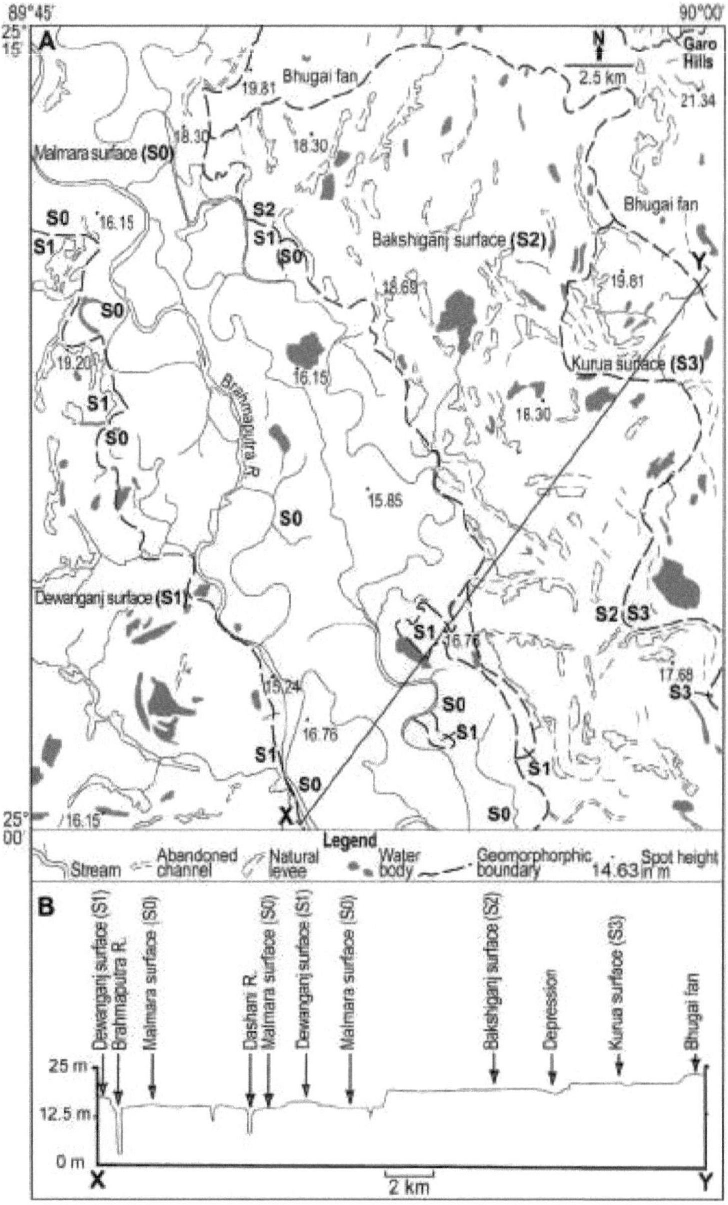

Figura 7.24 A geomorfologia da parte ocidental da planície de inundação do Brahmaputra mostra diferentes superfícies (A) e uma secção esquemática ao longo da linha X-Y (B).

Superfície de Nakla (S2): As evidências de abandono e deslocação dos canais são muito claras na imagem. Os canais são menos largos do que os da S4. O carácter identificador desta superfície é a presença comum de depressões largas (nalguns casos >0,75 km) e longas (~2,0 km). A maioria destas depressões contém água durante todo o ano. A maioria dos canais tem orientação NW-SE. Os sedimentos são castanhos claros a castanhos, areia não consolidada e silte argiloso com matéria orgânica.

Superfície de Chandrakona (S1): Esta superfície contém o antigo rio Brahmaputra e o seu curso anterior imediato. As características que a identificam são a ausência de vegetação, a textura em blocos e em faixas, as cristas e as ondulações. O número de depressões é muito reduzido. O atual canal do Brahmaputra antigo tem dois níveis de barras - o antigo tem tons cinzentos e o novo tem tons muito claros na imagem SPOT. Os sedimentos são cinzentos, cinzentos esverdeados, silte argiloso preto com matéria orgânica, areia solta e silte.

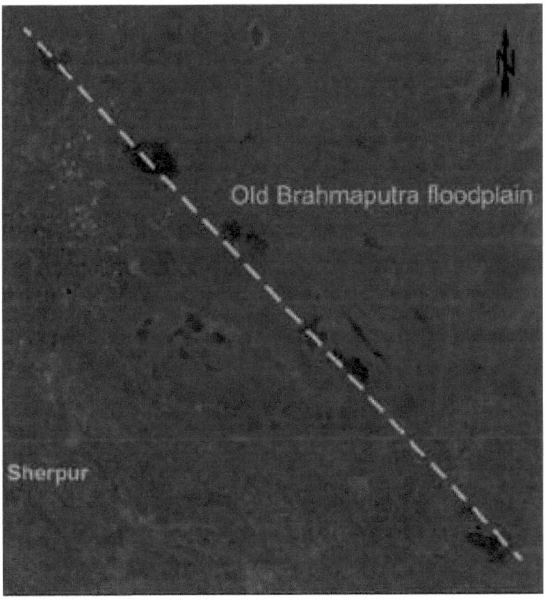

Figura 7.25 A imagem Landsat ETM+ mostra grandes depressões ao longo de uma linha de tendência NW-SE na planície de inundação do antigo Brahmaputra, a NE da cidade de Sherpur, no Bangladesh.

Os limites das superfícies geomórficas não são nítidos e a diferença de elevação é gradual, e cada superfície tem a sua própria caraterística geomórfica. A partir dos dados supramencionados, o eixo N-S mostra que a área tem ondulações. Estas superfícies geomórficas podem ter evoluído devido à atividade tectónica (Chamyal *et al.*, 2002). As depressões em diferentes superfícies (Figuras 7.27) recebem quase a mesma quantidade de precipitação. Mas, em termos de capacidade de retenção de água, as depressões comportam-se de forma diferente. A capacidade de retenção de água depende da litologia, da altitude, da profundidade do lençol freático da área e da idade da superfície. As depressões em S4, que é mais antiga do que as superfícies S3, S2 e S1, estão secas provavelmente porque a superfície está em fase de erosão e as depressões estão a ser preenchidas. Durante a formação das depressões em S2, o rio tinha uma maior capacidade que se perdeu subitamente durante o período posterior, pelo que apresenta grandes depressões. A mudança súbita pode ter sido causada por atividade tectónica. Estes acontecimentos são muito recentes, pelo que se deduz que ainda não tiveram tempo suficiente para serem preenchidos. S1 é uma superfície nova, que não teve tempo suficiente para preencher a depressão. S5 está novamente em fase de erosão e já teve tempo suficiente para preencher as depressões, resultando num tamanho mais pequeno.

A planície de inundação do Brahmaputra antigo selecionada, perto da cidade de Mymensingh, recebeu apenas 23 mm e 82 mm de precipitação durante os meses de janeiro-fevereiro de 1989 e 1990, respetivamente, e normalmente o lençol freático permanece entre 1,5 m e 4 m durante este período do ano. Se as depressões receberem a mesma quantidade de precipitação e o lençol freático se mantiver quase semelhante, então as diferenças acima mencionadas observadas na imagem são controladas por outros factores, nomeadamente a geologia, a evolução geomórfica da área, etc.

As depressões nas planícies aluviais dos rios Jamuna e Old Brahmaputra e no terraço de Mymensingh (Figura 7.28) mostram uma relação entre o rácio comprimento/largura das depressões e a superfície geomórfica específica onde essas depressões existem. O rácio é um índice de uma determinada superfície e é provavelmente controlado pelo padrão de sedimentação, fornecimento de sedimentos, clima, tempo e tectónica. Os intervalos e a média do rácio para diferentes planícies aluviais são apresentados no quadro 7.1. Os cálculos do rácio foram efectuados para 25 depressões, em média, para cada planície aluvial.

Tabela 7.1 Relação entre o comprimento e a largura das depressões em diferentes superfícies.

Name of the surfaces/terrace	Ratio	
	Range	Average
Jamuna Floodplain	1.27-3.33	2.13
Old Brahmaputra Floodplain	1.91-6	3.25
Mymensingh terrace	1.44-2.22	1.72

Tais características de assoreamento e morfológicas (Srivastava *et al.*, 2003) podem ser predominantemente controladas pelo clima e pela hidrologia, que é apoiada pela atividade tectónica. No entanto, o resultado das conclusões deste estudo pode ser aplicado à geologia holocénica do terreno fluvial.

O antigo rio Brahmaputra deslocou-se gradualmente para sul (Figura 7.26). Esta evidência é muito clara nas imagens. A compressão para norte produziu a ondulação na antiga planície de inundação do Brahmaputra. A mudança de canal e a evolução de diferentes superfícies são o resultado não só das alterações climáticas do Holocénico tardio (Starkel, 1998), mas também da tectónica ativa (Brammer, 1996; Bristow, 1987; Goodbred e Kuehl, 2000; Srivastava *et al.*, 2003). Coleman (1969) mencionou que o grande número de canais fluviais, a natureza tectónica ativa da bacia e a rápida atividade humana tornaram as superfícies geomórficas complexas.

(5) O rio Kangsa (Figura 7.1, sítio 11) é navegável ainda hoje. Hunter (1877) referiu que o Kangsa é um curso de água sem grande largura, mas com uma profundidade considerável, e que é navegável durante todo o ano por barcos de carga considerável. Este rio tem agora antigas barras pontuais e diques naturais (Figura 7.29). O rio está a fluir através de uma zona de afundamento, pelo que perde a sua capacidade de produzir barras de canal e diques naturais. A geomorfologia da planície de inundação de Kangsa mostra terras pantanosas, numerosas depressões cheias de água e um sistema de drenagem anastomosado, indicando uma área de subsidência. Tem um canal sinuoso que indica um sistema hidrológico de baixa energia (Jensen, 2000). A morfologia dos diques parece ser controlada pelo mecanismo dominante de transporte de sedimentos (Adams *et al.*, 2004). Entre outros factores, a idade do dique também contribui para o desenvolvimento do dique.

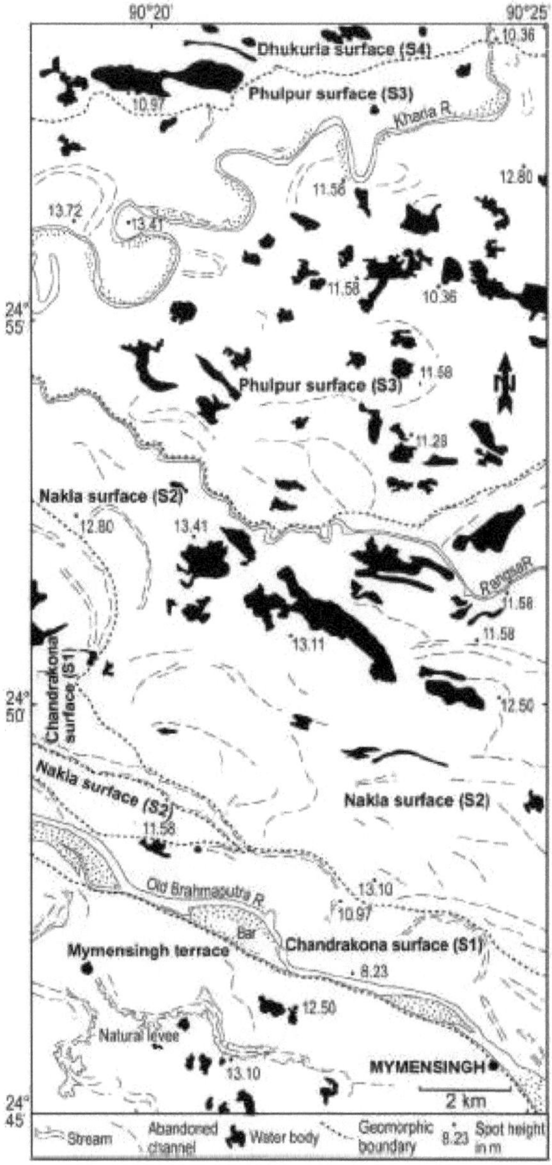

Figura 7.26 Geomorfologia de partes da planície de inundação do antigo Brahmaputra e do terraço de Mymensingh, Bangladesh. A planície de inundação apresenta diferentes superfícies.

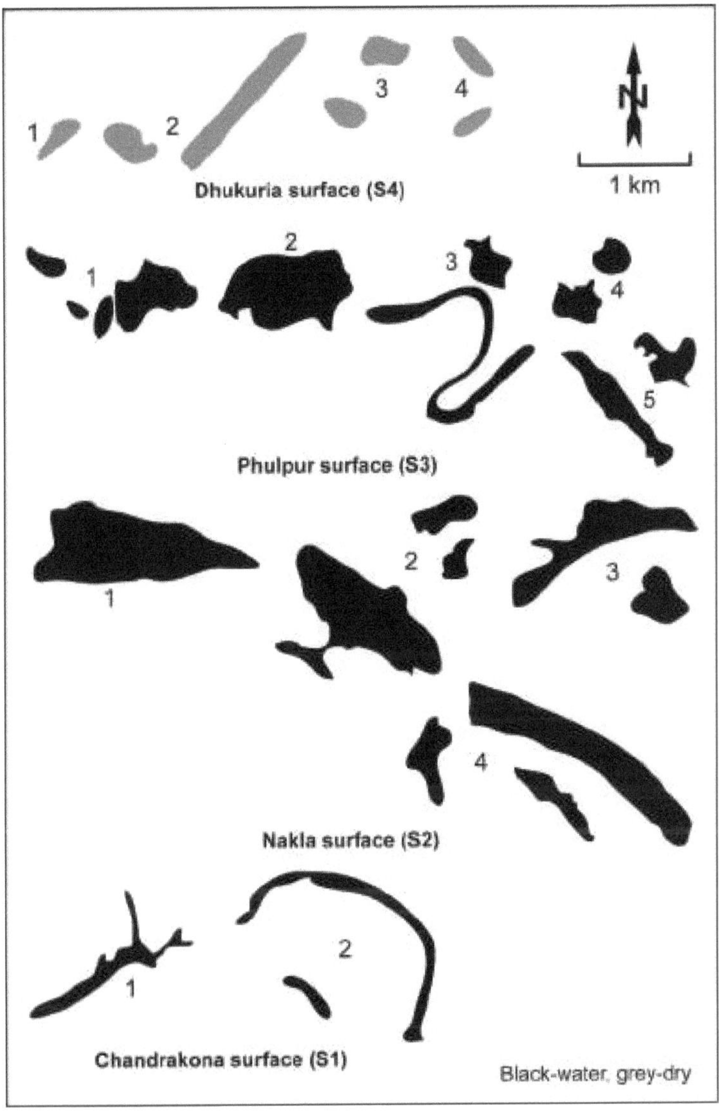

Figura 7.27 Forma e dimensões das depressões em diferentes superfícies holocénicas da planície de inundação do antigo Brahmaputra, Bangladesh.

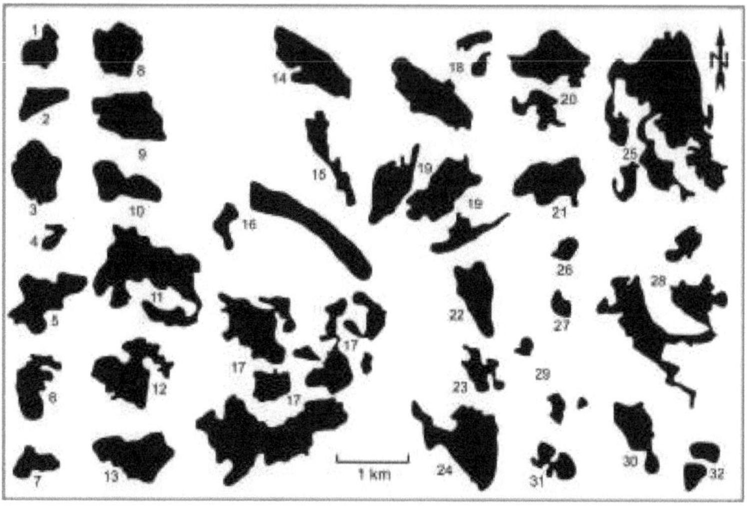

Figura 7.28 Forma e dimensões das depressões na planície de inundação do Jamuna, (si. n.º 1-7), planície de inundação do Brahmaputra antigo (si. n.º 8-24), parte oriental da planície de inundação do Brahmaputra antigo (si. n.º 25-28) e terraço de Mymensingh (si. n.º 29-32), Bangladesh.

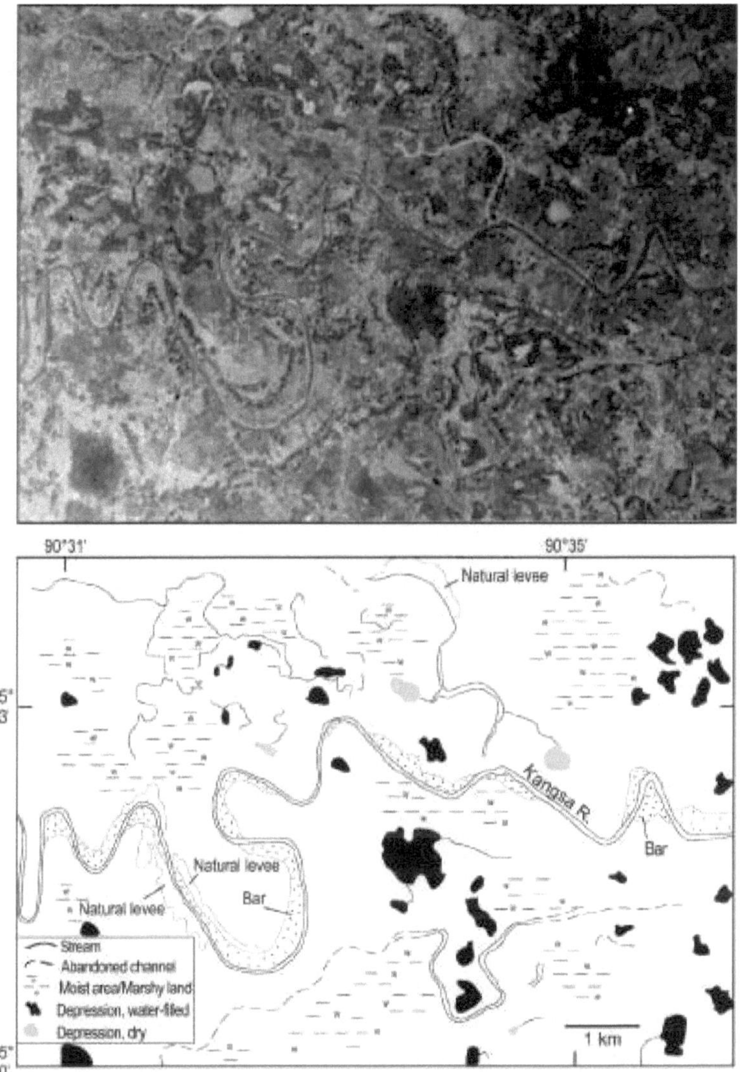

Figura 7.29 Geomorfologia da área em redor do rio Kangsa mostrando características de subsidência. Imagem SPOT Pan (acima) e mapa (abaixo).

6) Padrão de drenagem complexo (Figura 7.1, sítio 12) encontrado no sudoeste do leque de Someswari (Figura 7.30) na planície de inundação do antigo Brahmaputra. Este tipo de drenagem complexa desenvolvido num

estrutura geológica e história geomórfica complicadas . É marcado por cursos de água irregulares, que entram e saem de lagos e têm apenas alguns afluentes curtos.

Grande parte da área inter-regional é pantanosa e frequentemente os cursos de água são meros fios de água que atravessam as zonas pantanosas (Thornbury, 1969), a que ele se referiu como desordenada. Pode ver-se claramente um lineamento de tendência N-S ao longo do qual vários cursos de água fazem curvas.

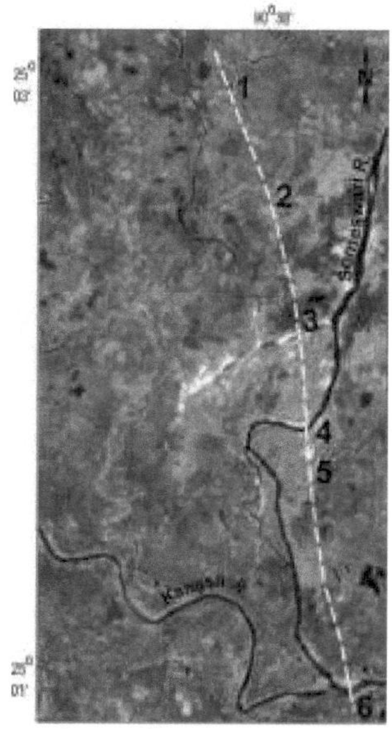

Figura 7.30 Areias (numeradas de 1 a 6) em vários cursos de água ao longo de um lineamento de tendência N-S, a SW do leque de Someswari, Bangladesh.

, o padrão de drenagem anastomosa (Figura 7.1, sítio 13) com grandes depressões cria um ada entre as longitudes 90° 45'E e 91° 00'E, e as latitudes 24045'N e 25000'N, ocorrem a 7.31). Anastomoses

O padrão de drenagem, as grandes massas de água e o tom muito escuro tanto na imagem SPOT Pan como na imagem Landsat ETM+ indicam que se trata de uma zona de subsidência. A área é profundamente inundada durante a estação das chuvas. A elevação da área é muito baixa, 6,7-5,18 m.

7.7 DEPRESSÃO (BACIA DE SURMA)

(1) Existe uma depressão muito grande (Figura 7.1, sítio 14) situada a sul do leque de Mahadeo. Alguns grandes rios, com uma direção quase E-W, atravessam a depressão. Os canais antigos e abandonados podem ser identificados pelo dique natural bem desenvolvido. Embora os cursos de água que correm no sentido N-S transportem sedimentos das superfícies do leque, a maior parte dos canais activos não tem diques naturais bem desenvolvidos. Os diques fluviais formam-se nas margens dos canais, reflectindo a perda de competência do fluxo durante os fluxos de transbordamento. As descrições da geometria e localização dos diques nos sistemas fluviais modernos são geralmente pobres, mas é evidente que não existe uma escala consistente entre a altura e a largura do dique (Brierley *et al.*, 1997). Entre outros factores, a idade do dique também contribui para o desenvolvimento do dique (Adams *et al.*, 2004). No entanto, a oeste, a quantidade de sedimentos é reduzida porque os canais do Someswari estão atualmente abandonados. Nalguns casos, os cursos de água mais jovens atravessam os canais abandonados na planície aluvial. O sistema de drenagem na depressão é complexo e anastomosado. O movimento neotectónico é visto como a causa subjacente da avulsão, da anastomose e de certas alterações do padrão dos canais (Smith *et al.*, 1997).

Existem canais remanescentes de grandes rios na parte centro-oeste da depressão. Estes canais estão atualmente abandonados, mas são identificáveis pelos seus amplos vales e pelo seu amplo dique natural bem desenvolvido. O Kangsa, um rio sinuoso, vem do oeste e cai na depressão. Perto da depressão, o curso do Kangsa torna-se estreito.

A fronteira entre o leque aluvial e a depressão é nítida na parte norte, ao passo que é gradual na parte oeste. A largura dos cursos de água que passam do leque aluvial para a depressão torna-se estreita ou os cursos de água são abandonados. Mas quando estes cursos de água estão dentro da depressão, a sua largura aumenta novamente. Ouchi (1985) mostra uma condição pantanosa na área de subsidência e um padrão reticulado de múltiplos canais muito provavelmente se forma perto da extremidade a jusante da subsidência.

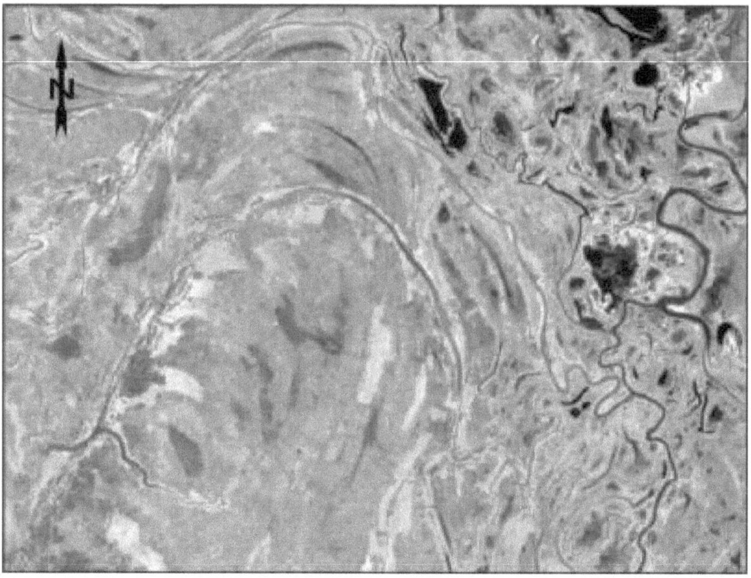

Figura 7.31 A imagem Landsat ETM+ mostra um padrão de drenagem complexo na zona de Atpara- Mohanganj, perto da bacia de Surma/Sylhet, no Bangladesh.

(2) Verifica-se um comportamento anómalo nos cursos fluviais encontrados na depressão (Figura 7.1, sítio 15). Grandes cursos fluviais foram obstruídos por outro curso fluvial que atravessa o antigo canal em ângulo reto. Canais pequenos e com meandros apertados, alargamentos súbitos, alterações da sinuosidade, etc., são exemplos de anomalias (Figura 7.32).

(3) Os diques naturais são muito fracos ou inexistentes ao longo dos rios que atravessam a depressão. Alguns cursos de água registam um aumento súbito da largura, que volta a diminuir. Alguns mostram o cruzamento do caudal anterior em ângulo reto. Estas são evidências de subsidência e subsidência diferencial. Verifica-se também uma descida topográfica gradual de oeste para leste em direção à parte central da depressão e a elevação aumenta gradualmente de novo para leste. Ao longo da parte norte da depressão, observa-se um desenvolvimento muito fraco do leque aluvial. Este facto pode dever-se à rápida subsidência da depressão ou ao reduzido fornecimento de sedimentos a partir da zona superior. As dimensões dos leques aluviais são pequenas na parte norte da depressão. Mas longe da depressão, o seu tamanho começa a aumentar em ambos os lados (Figuras 6.1 e 6.2).

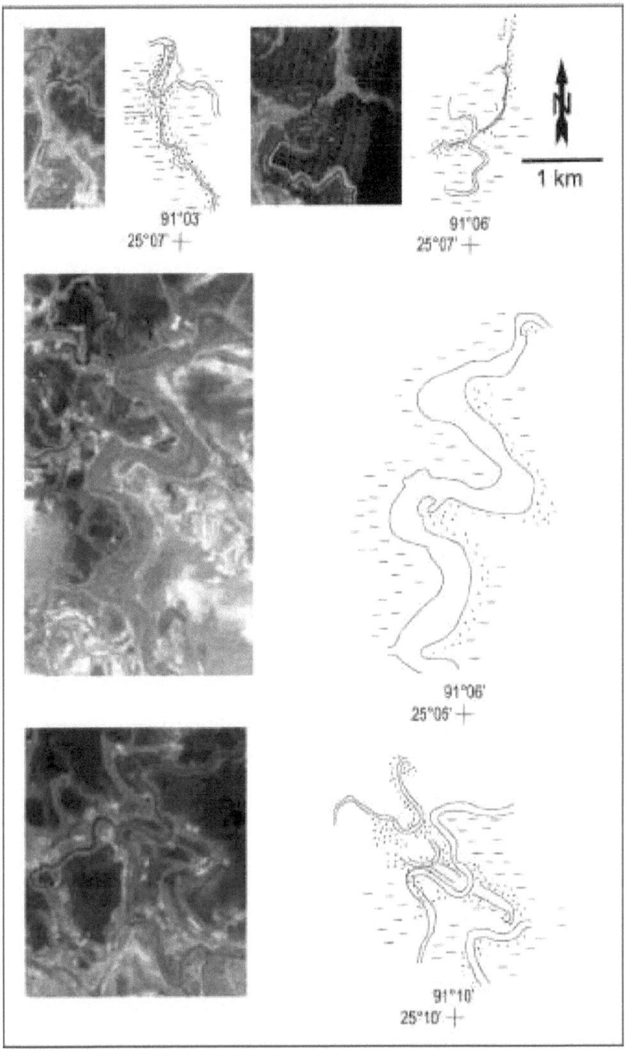

Figura 7.32 Características anómalas dos canais que atravessam a depressão da bacia de Surma/Sylhet, Bangladesh. Imagem panorâmica à esquerda e mapa à direita.

(4) O rio Surma corre para oeste perto de Sunamgonj (Figura 7.1, sítio 16), vira para sul e atravessa a depressão para se juntar ao rio Meghna. Um paleocanal do rio Surma a oeste do curso atual pode ser observado na imagem Landsat MSS de 1984. Mas a parte mais profunda da depressão situa-se a leste do curso atual. Esta é uma situação anormal para um rio

fluvial. A bacia tectónica de Surma pode influenciar o rio a mudar o seu curso em tal direção. A parte a jusante do rio Surma não possui diques naturais que indiquem subsidência.

(5) Os diques naturais ao longo dos canais dentro da depressão são muito estreitos, o que indica que o fornecimento de sedimentos é baixo ou que há uma subsidência rápida. Outras evidências favorecem a última interpretação.

7.8 OUTRAS EVIDÊNCIAS

(1) O limite meridional dos leques aluviais é ou com as planícies aluviais ou com as depressões. As investigações de campo mostram que este limite é irregular e dissecado nos leques ocidentais, ao passo que é regular e suave nos leques orientais. O rio Someswari foi considerado como a zona de separação entre os leques oriental e ocidental. Na figura 7.33, os limites dos leques de Bhugai e Mahadeo foram mostrados com a planície de inundação adjacente. No caso do leque de Bhugai, o limite é irregular e há uma quebra súbita no declive de cerca de 1 m, enquanto no caso do leque de Mahadeo o limite é suave e o declive é gradual. Os idosos locais informaram que a planície do piemonte do rio Bhugai não sofre inundações normais. Outra prova disso é o facto de as casas feitas de lama serem construídas diretamente na planície sem qualquer base. O leque de Bhugai está em fase de erosão, enquanto o leque de Mahadeo está em fase de deposição. A comparação dos leques aluviais ocidentais e orientais da área de estudo é apresentada no quadro 7.2.

(2) Estratigraficamente, os depósitos do leque de Bhugai são mais antigos do que os depósitos do leque de Someswari-Mahadeo-Jadukata-Dhamalia, embora os primeiros estejam topograficamente numa posição mais elevada.

(3) Múltiplos leques aluviais que coalescem na base de uma cadeia montanhosa criam uma bajada (Jensen, 2000). No caso dos leques aluviais orientais, a ligação entre leques adjacentes pode ser vista na parte apical. As partes distais dos leques estão separadas. Mas nos leques aluviais ocidentais todos os leques coalescem

Figura 7.33 Comparação entre os leques aluviais ocidentais (esquerda) e orientais (direita) da área de estudo, a) Limite do leque aluvial, b) declive do leque aluvial e c) grau de desenvolvimento do solo.

formando um leque e cuja formação requer tempo suficiente indicando que o processamento erosivo está em curso.

Tabela 7.2 Comparação dos leques aluviais ocidentais e orientais da área de estudo.

Elements	Western Fans	Eastern Fans	Remarks
Elevation	23.5-17m	14.63-8.25m	Sediments of the western fans are relatively older than that of the eastern fans. No channel migration is in the western fans, which is frequent in the eastern fans.
Degree of soil development	Relatively developed soil	No soil development	
Cross section of major rivers	Incised and terraced	Flat bottomed and box shaped	
Nature of boundary	Section-Abrupt Plan-Irregular	Section-Gradual Plan-Regular	
Topography	Mature	Young	
Geomorphology	Erosional	Depositional	
Seismicity	Relatively low	Relatively high	

Capítulo 8

NEOTECTÓNICA E RISCOS NATURAIS

8.1 RISCOS NATURAIS

O risco natural é a probabilidade de ocorrência, num período de tempo específico e numa determinada área, de um fenómeno natural potencialmente prejudicial (Hashizume e Missotten, 1995) e reduz o desenvolvimento económico do país. O Bangladesh é frequentemente afetado por riscos naturais como inundações, ciclones, erosão das margens dos rios e da costa, secas, etc. Está rodeado por regiões de elevada sismicidade, o que afecta o país devido à sua continuidade morfotectónica. Os riscos naturais têm tipos primários de perdas, como danos materiais, alterações e danos no relevo, mortes e ferimentos. Têm também perdas secundárias e terciárias, como a interrupção de actividades comerciais, o desemprego, o desalojamento, a perda de incêndios, a interrupção das comunicações, dos transportes e da energia, o impacto no défice público e as responsabilidades públicas e privadas. As medidas adequadas podem reduzir as vulnerabilidades identificadas dentro de limites de risco aceitáveis e, para o efeito, é necessário cartografar os riscos geológicos e as vulnerabilidades e modificar os padrões de povoamento humano.

Trinta sedes de upazila (subdistrito) e 5 sedes de distrito situam-se na área de estudo e nela vive uma população total de cerca de 10 milhões de pessoas. Por conseguinte, é necessário prestar a devida atenção para salvar vidas e propriedades dos riscos naturais.

A área de estudo está exposta a perigos naturais como inundações, abalos devidos a terramotos, migração de canais, erosão das margens dos rios, assoreamento devido à abertura de fendas e deslizamento de terras na região montanhosa superior, subsidência, etc. (Quadro 8.1). Os elementos relativos aos perigos foram identificados a partir da geologia e geomorfologia da área. Após a síntese dos elementos, os dados de campo e outros dados relevantes, ou seja, topografia, sismologia, histórico de terramotos, solo, nível de água e precipitação, etc., foram preparados mapas de perigos de nível macro e qualitativo (Figuras 8.1-8.5). Estes mapas foram preparados à escala de 1:250.000 e 1:50.000, que foram posteriormente reduzidos para apresentação. No entanto, não foram efectuadas avaliações de frequência e de risco, que estão fora do âmbito do presente estudo.

O resumo da vulnerabilidade das diferentes unidades geomórficas aos riscos naturais é apresentado no quadro 8.1.

Tabela 8.1 Vulnerabilidade de diferentes unidades geomórficas aos riscos naturais.

Natural Hazards / Geomorphic Units	Flood	Channel Migration	River Bank Erosion	Siltation	Earthquake (landslide, liquefaction, river bed uplift)	Subsidence
Hill	x	x	x	x	√	x
Alluvial Fan	√, f	√	√	√	√	x
Floodplain	√, m-d	√	√	√	√	√
Depression	√, d	√	x	√	√	√
Mymensingh terrace	x	x	x	x	x	x
Madhupur Tract	x	x	x	x	x	x

x = non-vulnerable. √ = vulnerable, f = flash flood, m = moderate flood, d = deep flood

8.2 NEOTECTÓNICA E RISCOS NATURAIS

Vários estudos mostram que existe uma relação entre a geologia e a neotectónica e os riscos naturais (Verstappen, 1983; Coates, *et al.*, 1992). Para tomar medidas mitigadoras contra os riscos geológicos, é necessário estudar a geologia, a geomorfologia e a tectónica (Alam, 1997), especialmente a tectónica do Holoceno (Coates e Alam, 1990).

A neotectónica da região produz ligeiras deformações e falhas, que elevam algumas áreas e deprimem outras. As planícies aluviais do Bangladesh não são uniformes nem absolutamente planas (Brammer, 1990). As diferenças de elevação nas planícies aluviais, embora pequenas, são fundamentais para controlar o padrão e a profundidade das inundações sazonais (Coates *et al.*, 1991). Para compreender os riscos naturais nesta região, é necessário compreender também a tectónica do Holocénico. Os leques aluviais orientais situam-se numa zona sismicamente ativa e são susceptíveis de migração rápida de canais. As vastas planícies aluviais que contêm uma coluna sedimentar espessa e saturada de água são susceptíveis de abalos sísmicos. Devido a diferentes condições geológicas e tectónicas, a vasta área de planície de inundação está a sofrer subsidência.

8.3 RISCOS NATURAIS NA ÁREA DE ESTUDO

8.3.1 Inundação

As inundações no Bangladesh são um fenómeno complexo (Brammer e Khan, 1991). As inundações são de diferentes tipos (Shahjahan, 1992) e têm diferentes impactos em diferentes zonas.

No distrito de Sylhet, foram registadas algumas inundações prejudiciais nos anos de 1781, 1785 e 1795. Registaram-se também grandes inundações em 1793, 1850-51, 1851-52 e 1853. Houve inundações em 1902 e 1929 na região de Sunamganj. A inundação de 1966 não teve precedentes e a de julho de 1968 foi a mais grave. Em 1336, registou-se uma inundação devastadora em Bangla Sal, conhecida como "inundação da água branca" (Ministério dos Assuntos do Gabinete, 1975; Sociedade Asiática do Bangladesh, 2003).

Ocorreram inundações em 1915, 1960 e 1974 no distrito de Mymensingh (Ministério do Estabelecimento, 1992). Houve inundações graves em 1987, 1988, 1998 e 2004 no Bangladesh, que também afectaram este distrito. O risco de inundação na área de estudo pode ser dividido nas seguintes zonas (Figura 8.1):

Zona I. Zonas não sujeitas a inundações - Colinas, Madhupur Tract, Mymensingh Terrace e o terraço situado entre o rio Jamuna e a oeste das Garo Hills.

Zona-II. Inundações repentinas de frequência moderada - leques aluviais.

Zona-III. Inundações fluviais de baixa frequência - antiga planície de inundação do Brahmaputra.

Zona-IV. Inundações repentinas de baixa frequência - Brahmaputra antigo oriental

zonas de planície aluvial e depressão.

Zona-V. Inundações de alta frequência - Áreas deprimidas situadas ao longo da

Rio Jamuna e ao longo do antigo Brahmaputra, a norte de Jamalpur.

Zona-VI. Cheias fluviais de frequência moderada - planície de inundação de

Jamuna (partes sul e oeste do distrito de Jamalpur).

As diferenças de elevação determinam diferenças locais na profundidade e duração das inundações sazonais. Com base na profundidade de inundação (Brammer e Khan, 1991), a área de estudo pode ser dividida nas seguintes zonas (Figura 8.2):

Zona I. 0 cm: Hills, Madhupur Tract e terraço de Mymensingh.

Zona-II. < 90 cm: Leques aluviais ocidentais mas de curta duração.

Zona-III. 90-180 cm: Antigas planícies aluviais do Brahmaputra e do Jamuna, e leques aluviais orientais de média a longa duração.

Zona-IV. 180-270 cm: Planície de inundação do antigo Brahmaputra oriental de longa duração.

Zona-V. >270 cm: Depressões de longa duração.

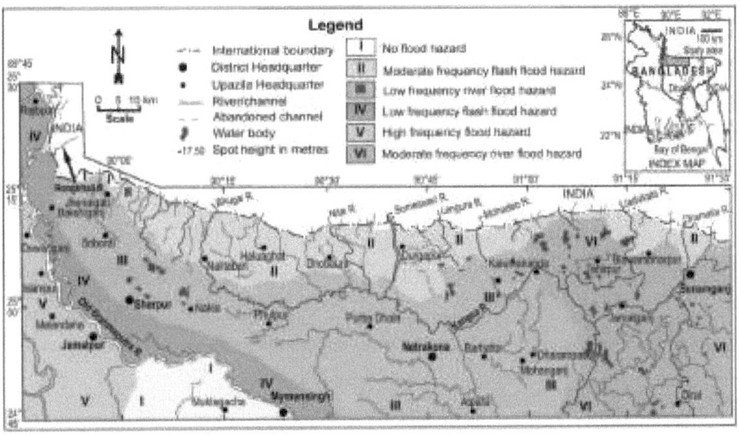

Figura 8.1 Mapa da área de estudo mostrando a zonagem de risco de inundação.

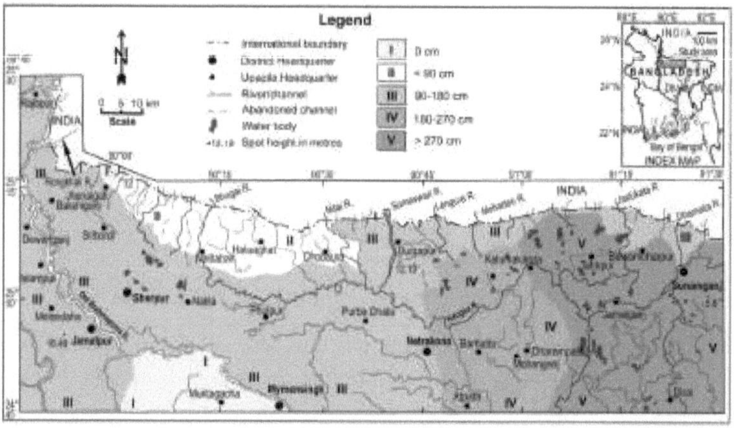

Figura 8.2 Mapa das áreas de estudo mostrando a profundidade da inundação.

8.3.2 Migração de canais

Foram identificadas evidências de migração de canais na superfície do leque aluvial na área de estudo. A alteração súbita do fluxo do canal provoca a perda de terras, propriedades e culturas agrícolas. O padrão do canal e os processos geomorfológicos dinâmicos de migração são importantes para o valor económico, o significado para a engenharia e a estimativa do risco de inundação (Nagarajan *et al.*, 1995). As migrações de canais nos leques orientais, ou seja, nos leques de Someswari, Mahadeo, Jadukata e Dhamalia, são mais frequentes do que nos leques ocidentais, ou seja, no leque de Bhugai. Nem todos os processos de migração de canais são devidos à geologia habitual, mas também podem estar relacionados com actividades neotectónicas (Alam, 2004). A Figura 8.3 mostra as áreas de migração de canais.

8.3.3 Erosão das margens do rio

Todos os anos, milhões de pessoas no país são afectadas pela erosão das margens dos rios, que destrói povoações, terrenos agrícolas e outros tipos de terrenos. Estima-se que cerca de 5% da planície aluvial total do país seja diretamente afetada pela erosão das margens dos rios (Asiatic Society of Bangladesh, 2003). Muitas zonas ao longo dos antigos rios Brahmaputra, Surma, Someswari, Jadukata e Dhamalia sofrem de erosão das margens. A deslocação do curso do rio, principalmente nos leques aluviais, provoca este tipo de riscos na área de estudo.

8.3.4 Assoreamento

A precipitação intensa nas bacias hidrográficas superiores provoca inundações repentinas e traz uma enorme quantidade de sedimentos que se depositam em fendas ao longo do rio. Além disso, os terramotos provocam por vezes deslizamentos de terras nas zonas montanhosas do norte, o que resulta em grande assoreamento na parte a jusante dos rios. Os depósitos de fendas encontram-se geralmente nos antigos rios Brahmaputra e Surma. Os rios Jadukata, Mahadeo e Bhugai transportam por vezes enormes areias e depositam-nas sob a forma de fendas, o que destrói as terras agrícolas. As áreas afectadas por possíveis assoreamentos são apresentadas na figura 8.4.

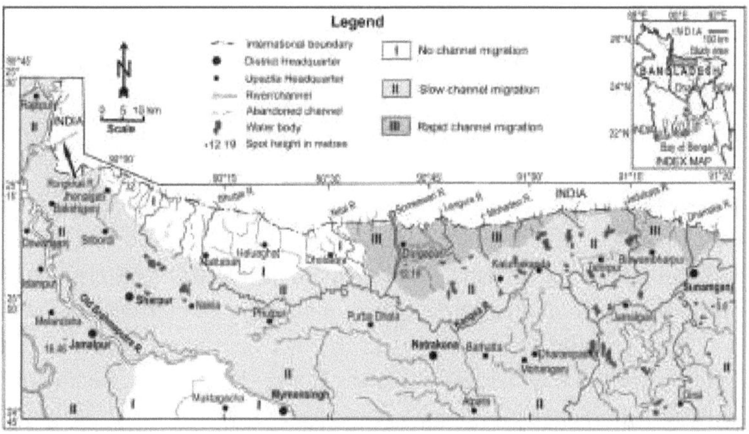

Figura 8.3 Mapa da área de estudo mostrando as áreas vulneráveis à migração do canal.

8.3.5 Terramoto

Os sismos são a única grande catástrofe natural que não pode ser prevista (McGuire, 2004). Criam problemas através de abalos do solo, assentamentos diferenciais, liquefação, escorregamentos, abalos do solo e avalanches, deslocação do solo ao longo da falha rompida, inundações provocadas por falhas de barragens, etc. (Bolt, 1997). A gravidade destes efeitos depende obviamente da magnitude e da distância da área epicentral.

Um número de grandes terramotos ocorreu no passado recente na área de estudo e nos seus arredores, resumido no capítulo 4. Observam-se várias linhas de tendência N-S e E-W de concentração de sismos (Figura 4.3) na área de estudo. Os cruzamentos destas linhas, ou seja, as zonas fracas, são mais vulneráveis. As planícies de inundação dos rios Old Brahmaputra e Surma são susceptíveis a abalos sísmicos. Os depósitos da planície de inundação da área de estudo consistem em areia não consolidada, silte e argila de quantidade variável com materiais turfosos. O lençol freático é muito alto nas áreas de planície de inundação. Nesta situação, o terramoto produz falhas no solo e liquefação, que criam falhas nas fundações. Os sedimentos turfosos saturados de água e de textura fina são susceptíveis à vibração sísmica (Verstappen, 1983; Obermeier, 1996; Ellis *et al.*, 2001). Os terramotos podem produzir deslizamentos de terras nas zonas montanhosas superiores, o que acelera o assoreamento na parte a jusante. Além disso, a alteração súbita do curso do rio devido a um terramoto causa problemas de navegação.

As sedes distritais de Sunamganj, Jamalpur, Sherpur e Netrakona estão situadas em sedimentos recentes, e Mymensingh está situada em sedimentos holocénicos relativamente mais antigos. As fundações destas áreas podem ser susceptíveis de liquefação induzida por sismos. Dhaka, a capital do país, é vulnerável a danos causados por futuros terramotos (Bilham *et al.*, 2001), devido à sua proximidade com a zona de falha de Dauki. Devem ser tomadas medidas durante o planeamento e o desenvolvimento para reduzir os riscos sísmicos prováveis. A Figura 8.4 mostra como o vasto terreno da área de estudo será afetado pela provável ocorrência de sismos. Com base na geologia, tectónica e actividades sísmicas, e propriedades sedimentológicas e geológicas de engenharia, o mapa foi preparado.

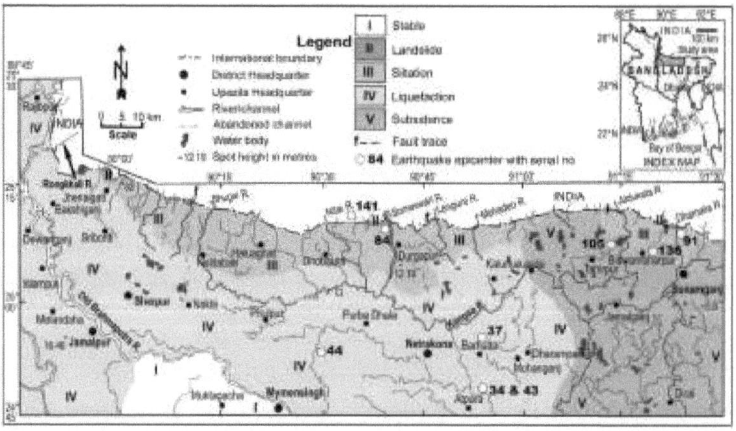

Figura 8.4 Mapa da área de estudo mostrando as principais áreas susceptíveis de

serem atingidas por um sismo.

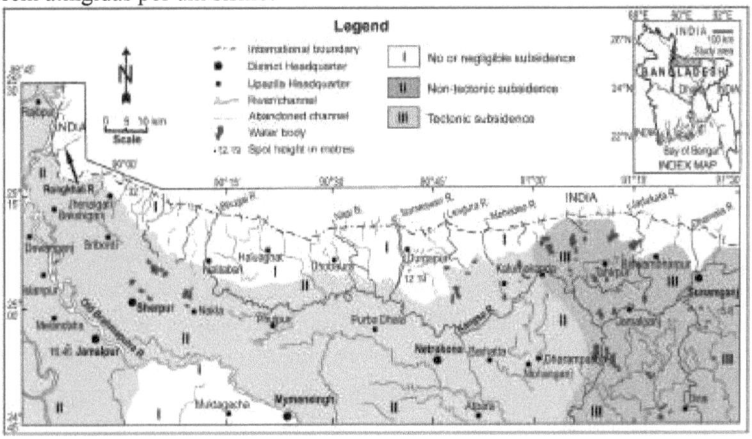

Figura 8.5 Mapa da área de estudo mostrando as principais áreas propensas a subsidência.

8.3.6 Subsidência

A maior parte das planícies aluviais dos antigos rios Brahmaputra e Jamuna estão a sofrer subsidência não só devido a processos geológicos normais mas também a processos tectónicos (Coates *et al*., 1991; Islam *et al.,* 1995; Kamal *et al*., 2000; Goodbred e Kuehl, 2000). Mas a sua taxa varia de zona para zona. Devido à subsidência diferencial, a profundidade, extensão e duração das cheias variam de zona para zona. O estudo pormenorizado da taxa, estilo e padrão de subsidência estava para além do âmbito do estudo. Seria um trabalho importante e significativo determinar o acima exposto para compreender o processo de construção do delta. As depressões (bacia do Surma) estão continuamente a diminuir, o que pode agravar-se devido a abalos sísmicos. A Figura 8.5 mostra as principais áreas propensas a subsidência na área de estudo.

Capítulo 9

MODELO CONCEPTUAL

9.1 MODELO SOBRE AS ACTIVIDADES NEOTECTÓNICAS

Com base na interpretação de diferentes imagens de deteção remota, deteção e identificação de assinaturas neotectónicas, observações e medições de campo e outros dados relevantes, foi desenvolvido um modelo concetual (Figura 9.1) sobre a atividade neotectónica que opera na área de estudo. Usando este modelo, o desenvolvimento diferencial de formas de relevo, o tipo e a natureza da Falha de Dauki e a ocorrência de perigos naturais podem ser explicados. Para além dos movimentos regionais das placas, os efeitos combinados do planalto de Shillong, da falha de Dauki, da zona de charneira e da bacia de Surma tornam a área geológica e tectonicamente complexa. Como os leques aluviais são muito sensíveis às actividades neotectónicas (Hsu e Pelletier, 2004) e podem fornecer informações valiosas sobre a idade e o estilo do movimento tectónico, foi dada ênfase aos leques aluviais durante o estudo. Nos parágrafos seguintes, é apresentada uma discussão sobre o modelo.

De acordo com o modelo, a área de estudo pode ser dividida em dois domínios: (i) oriental e (ii) ocidental (Figura 9.1). Cada domínio é geomorfologicamente, geologicamente, tectonicamente e sismicamente diferente do outro. Estes dois domínios estão separados pela zona de charneira, um elemento estrutural importante da bacia de Bengala. A zona de separação dos domínios ocidental e oriental situa-se perto de 90°35'-90°40'E de longitude, onde a zona de charneira se encontra com a falha de Dauki. O rio Someswari atravessa os domínios ocidental e oriental, sendo o único rio entrançado na área de estudo. Por isso, o seu carácter e comportamento são diferentes dos outros rios.

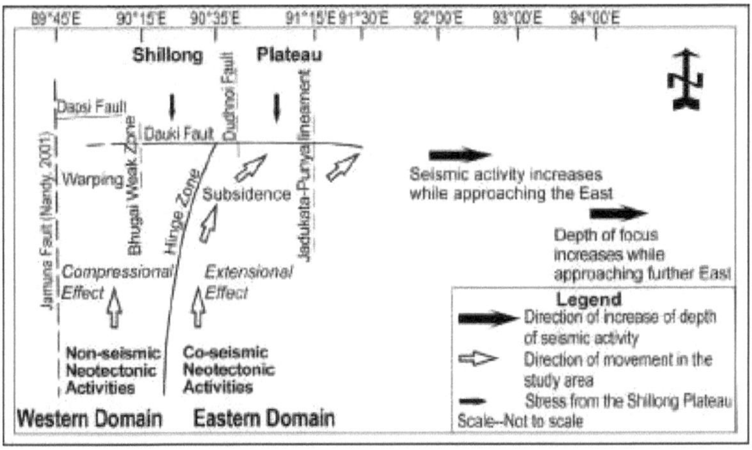

Figura 9.1 Modelo concetual das actividades neotectónicas e da evolução geomórfica da bacia setentrional de Bengala, Bangladesh.

O movimento da placa indiana em direção a nordeste está a produzir uma subida e descida dos leques aluviais na base do planalto de Shillong, que está separado pela falha de Dauki. Este efeito manifesta-se por incisão e terraceamento dos cursos de água, sedimentação fresca nas partes apicais dos leques aluviais. As superfícies de vários níveis produzidas na planície aluvial do Brahmaputra são também o resultado do movimento das placas.

No domínio ocidental, este movimento contínuo cria ondulações nas áreas de planície de inundação em tempos recentes. Estas parecem ser criadas também pela compressão frontal da coluna sedimentar devido ao movimento inverso dirigido para sul ao longo da falha de Dauki. Provavelmente, a ondulação favorece o fluxo do rio Rongkhali para norte, o que é oposto à inclinação habitual para sul da planície aluvial do Brahmaputra. Este evento ocorreu durante as últimas décadas, o que indica que o seu movimento está em curso. No domínio ocidental, os leques aluviais, inicialmente formados por rios individuais, fundiram-se formando um grande leque, indicando uma possível condição de ascensão em vez de subsidência. Ao longo da margem norte do leque de Bhugai, foram observados terraços e incisões nos cursos de água. Não se observou aqui uma migração recente e rápida dos canais. Desenvolveu-se um perfil de solo fraco na superfície do leque, o que indica que esta parte está atualmente em fase de erosão. Topograficamente, o domínio ocidental situa-se acima do domínio oriental. A fronteira entre o leque aluvial e a planície de inundação adjacente não é lisa, mas sim irregular em planta. Este limite irregular é também indicativo do processo de erosão em curso, que teve tempo suficiente para produzir este contorno irregular. É claramente visível uma mudança abrupta de elevação entre estas duas superfícies geomórficas. Esta mudança foi interpretada como tendo sido gerada por uma falha.

Por outro lado, no domínio oriental podem ser facilmente observadas evidências de migração frequente de canais e não foi desenvolvido qualquer perfil de solo. As características dos rios formadores de leques aluviais são diferentes. Estes cursos de água são de fundo plano e em forma de caixa, e não foi encontrada qualquer incisão nos rios principais. A incisão, o terraceamento e a alteração da sinuosidade só podem ser observados em pequenos canais na parte apical dos leques aluviais. A deposição de sedimentos frescos pode ser observada na parte apical, o que provavelmente ocorreu devido ao movimento para norte da placa, resultando em up-warping. Para além deste movimento, foi também observado um movimento orientado para NE, expresso pelo desvio das correntes que fluem para sul nos leques de Lengura e Dhamalia. No entanto, a corrente do leque de Dhamalia mudou o seu curso de sul para oeste, juntando-se ao rio Dhamalia. Este fluxo para oeste pode dever-se a uma zona fraca ativa situada ao longo do lineamento Jadukata-Punya. A drenagem reversa (Roy, 2003) pode ser atribuída à deformação neotectónica. Uma observação cuidadosa revela que, dos 4 cursos abandonados do rio Dhamalia, 3 situam-se a oeste do curso atual. Este fenómeno indica uma tendência de migração dos canais para oeste. Também no rio Someswari, a maioria dos cursos abandonados situa-se a leste do curso atual, mostrando uma tendência para migrar para leste. Estas tendências podem desenvolver-se em resposta ao mesmo lineamento que se situa entre os leques de Someswari e Dhamalia. O deslocamento progressivo do rio para um dos lados do seu vale tem sido atribuído à inclinação lateral (Jefferson, 1907; von Bandat, 1962; Coleman, 1969). A neotectónica não deve certamente ser ignorada como uma possível razão para a instabilidade dos rios modernos (Schumm, 1977).

Os geólogos têm opiniões diferentes sobre a natureza da Falha de Dauki. Muitos trabalhadores interpretaram-na como uma falha de inversão/empuxo (Murthy *et al.*, 1969; Johnson e Alam, 1991; Lohmann, 1995; Uddin e Lundberg, 2004; Biswas e Grasemann, 2005) e alguns como uma falha de deslizamento (Evans, 1964). As evidências geomórficas, como o deslocamento para sul das confluências no leque de Bhugai, a incisão e a formação de terraços ao longo dos cursos de água, o aumento da sinuosidade dos canais, etc., são o resultado da elevação devida ao movimento de falha inversa ao longo da falha. A incisão e o terraceamento dos cursos de água também podem ser observados na parte apical dos leques aluviais do domínio oriental. Mas estes estão limitados apenas aos pequenos cursos de água. Para além disso, é encontrada sedimentação fresca na parte apical. Estas evidências podem ser atribuídas ao movimento de falha inversa que causa o up-warping. Mas outras evidências sugerem que também existe um movimento de deslizamento no domínio oriental. Evidências claras podem ser observadas pela mudança de posição do rio Lengrua e pelo desvio de cursos de água, em pelo menos dois locais, a oeste do rio Lengura. Esta opinião é apoiada pelo movimento do plano de falha do terramoto de 6/2/1988, que indica falhas de deslizamento com grande componente inversa (Khan, 1991a; Das *et al.*, 1995). Os cursos de água deslocados reflectem movimentos em falhas de deslizamento (Keller e Pinter, 2002).

A partir da zona de charneira, a parte oriental da área de estudo está a deslocar-se para nordeste, criando uma vasta depressão em declínio, possivelmente uma bacia de arrancamento. A depressão contém numerosos lagos e estes contêm água durante todo o ano. Na depressão, os canais apresentam um comportamento invulgar, por exemplo, alargamento súbito, travessia de rios antigos e grandes por rios jovens e comparativamente pequenos, ausência ou desenvolvimento fraco de diques naturais, etc. A formação de lagos e pântanos na depressão (Verstappen, 1983) também indica subsidência. Devido ao movimento em direção a NE, está a ocorrer uma subsidência contínua e rápida que resulta nestes comportamentos invulgares. Como mencionado anteriormente, um padrão de drenagem diferente, único para os rios da área de estudo, foi expresso em planta pelo rio Someswari. O movimento contínuo em direção a NE pode também ser interpretado pelo alargamento do rio Someswari durante as últimas décadas e pelo rejuvenescimento do canal Atrakhali em tempos muito recentes. Além disso, devido a este movimento, desenvolveram-se algumas zonas fracas de tendência N-S, expressas por rupturas topográficas e aglomerados sísmicos. A expressão geomórfica de uma zona fraca tão distinta e ativa pode ser observada ao longo do lineamento Jadukata-Punya, orientado N-S, ao longo do qual onze rios se revezam. Além disso, o cinturão de dobras Tripura-Cachar de tendência N-S, a sudeste da zona da Falha de Dauki, mostra uma inclinação NE-ENE (Figura 9.2) das formas de dobras, indicando um arrastamento para leste ao longo da Falha de Dauki (Reimann, 1993). Também os dados de GPS indicam que esta parte da placa indiana está a mover-se para NE a uma taxa de >20-40 mm/ano (Akhter e Huque, 2004). Das *et al.* (1995) consideram que as dobras de tendência WNW-ESE, E-W e ENE-WSW ao longo da margem sul do planalto são o resultado de forças de compressão direccionadas para NE-SW, N-S e NW- SE.

A partir da discussão acima, é evidente que o domínio oriental é neotectonicamente mais ativo do que o domínio ocidental, o que também tem alguma influência nos processos sedimentares. Observa-se também uma maior atividade sísmica no domínio oriental.

Os sedimentos dos leques ocidentais sofreram algum processo de meteorização, resultando na formação de um perfil de solo fracamente desenvolvido. No entanto, o processo de sedimentação está a decorrer nos leques orientais e não foi aí observado qualquer perfil de solo. Assim, os depósitos dos leques ocidentais, ou seja, o leque de Bhugai, são estratigraficamente ligeiramente mais antigos do que os dos leques orientais, ou seja, o leque de Someswari, o leque de Mahadeo e outros leques, embora todos os depósitos dos leques da área de estudo sejam de idade recente.

O rio Brahmaputra deslocou-se várias vezes no passado recente, sendo os sinais destas deslocações claramente identificáveis na geomorfologia. Provavelmente, o rio fluiu para leste, perto do planalto de Shillong. Devido ao movimento dirigido para sul (Chowdhury *et al.*, 1996; Bilham e England, 2001; Biswas e Grasemann, 2005) do planalto ao longo da falha de Dauki, produziu-se uma deformação ascendente na zona do sopé, o que forçou o antigo rio Brahmaputra a migrar gradualmente para sul. Para além disso, a dimensão do rio também variou no passado recente, o que é indicado pela largura

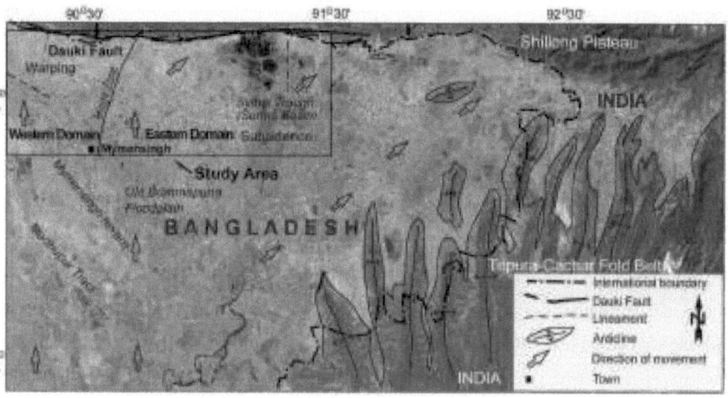

Figura 9.2 Imagem Landsat TM da área de estudo e seus arredores mostrando as principais unidades geomórficas e elementos tectónicos, e o movimento dirigido para NE da cintura de dobras Tripura-Cachar de tendência N-S discutida no modelo concetual.

dos paleocanais e diques naturais. Estes paleocanais são claramente visíveis nas imagens e distintos na zona de Haluaghat. Areias fluviais e sedimentos siltosos são encontrados cerca de 10 m abaixo dos sedimentos do piemonte na zona de Dhobaura-Kalumakanda. Estas mudanças podem ser atribuídas não só às alterações climáticas durante o Quaternário, mas também à tectónica da região. Os registos litológicos também mostram uma variação textural descendente de sedimentos de leque mais grosseiros na parte superior e sedimentos fluviais mais finos na parte inferior.

A área de estudo está a sofrer inundações, migração de canais, erosão das margens do rio e riscos de subsidência. Também existe a probabilidade de perigos de terramotos e efeitos relacionados na área. Os resultados do estudo mostram que a frequência de ocorrência destes perigos é mais elevada no domínio oriental. Isto indica que a atividade neotectónica controla a ocorrência de perigos naturais nesta área.

É evidente a partir da discussão que o movimento contínuo das placas controla o desenvolvimento do relevo, processos geológicos e ocorrências de perigos naturais na área de estudo. Além disso, as respostas dos elementos tectónicos dentro e à volta da área aos movimentos das placas são expressas pelas assinaturas neotectónicas e pela sismicidade.

Capítulo 10

CONCLUSÕES

10.1 CONCLUSÕES

Foram interpretadas diferentes imagens de deteção remota adquiridas em vários comprimentos de onda para detetar e identificar as assinaturas neotectónicas na geomorfologia da parte centro-norte da Bacia de Bengala no Bangladesh. Estas imagens mostram várias vantagens e limitações na deteção, identificação e cartografia das assinaturas neotectónicas. As imagens Landsat MSS, TM e ETM+, adquiridas na região do visível ótico e do infravermelho (IV) do espetro eletromagnético, podem ser utilizadas para a cartografia geomorfológica principal e a cartografia de pormenor, respetivamente. As imagens pancromáticas SPOT foram aplicadas com êxito para identificar diferentes superfícies geomórficas fluviais, o que também ajudou a construir a morfoestratigrafia. A imagem SAR requer mais compreensão para uma aplicação bem sucedida na investigação neotectónica numa região tropical húmida como esta. A fotografia aérea tem a vantagem de ter capacidades de visualização estereoscópica. Para este estudo, são essenciais imagens de satélite com resolução temporal.

O objetivo deste estudo foi alcançado através da identificação de assinaturas neotectónicas na geomorfologia da área, especialmente nos leques aluviais desenvolvidos na base das colinas e perto da Zona de Falha de Dauki, e também nas planícies de inundação. Com base na análise e comparação das características do relevo, do grau de desenvolvimento do solo, da topografia, do comportamento sísmico, etc., foi estabelecida uma cronologia relativa dos eventos neotectónicos para a área de estudo. Os estudos neotectónicos, que se baseiam apenas em dados geomorfológicos, são considerados adequados para documentar a natureza e o tipo de movimento ao longo das falhas (Schubert, 1982; Dumont, 1996).

A partir deste estudo, é evidente que a sismicidade de uma área se reflecte na geomorfologia; mesmo os sismos de baixa magnitude têm influência na evolução do relevo. Mas para uma correlação precisa das ocorrências sísmicas e das alterações do relevo, é essencial uma localização exacta dos epicentros. Devido à inexistência de estações sísmicas no Bangladesh, não é possível localizar com exatidão os epicentros dos sismos. Por conseguinte, a criação de estações sísmicas contribuirá em grande medida para a investigação futura neste domínio.

Com base na geomorfologia, topografia, neotectónica e grau de desenvolvimento do solo, pode concluir-se que os depósitos do piemonte da área de estudo são de idade holocénica. No entanto, os depósitos do leque ocidental, ou seja, o leque de Bhugai, são estratigraficamente ligeiramente mais antigos do que os dos leques orientais, por exemplo, o leque de Someswari e o leque de Mahadeo. É evidente que o domínio oriental é, neotectonicamente, mais ativo do que o domínio ocidental e que a atividade neotectónica também influencia os processos sedimentares. No entanto, o estudo pormenorizado da influência tectónica na sedimentação estava fora do âmbito do presente estudo.

Devido ao impulso/movimento dirigido para sul (Chowdhury *et al.*, 1996; Bilham e England, 2001) do planalto de Shillong ao longo da falha de Dauki, o rio Brahmaputra tem-se deslocado gradualmente para sul. Os sinais destas deslocações são claramente identificáveis pelas características geomorfológicas. Além disso, a dimensão do rio também variou num passado recente, o que é indicado pela alteração da largura dos paleocanais e dos diques naturais. Bhandari *et al.* (2005) atribuíram estas alterações às mudanças climáticas durante o período Quaternário na região, mas Goodbred (2003) sugeriu também uma contribuição tectónica. Os resultados deste estudo sugerem que o movimento ao longo da Falha de Dauki criou uma ondulação ascendente que forçou o antigo rio Brahmaputra a migrar gradualmente para sul.

Os riscos naturais como inundações, migração de canais, assoreamento, subsidência, terramotos, etc. e as áreas vulneráveis a estes riscos foram identificados neste estudo. As evidências mostram que o neotectonismo desempenha um papel muito importante na ocorrência de perigos naturais nesta área. Devido às actividades neotectónicas, ocorrem tanto a subida como a descida, o que, por sua vez, influencia a suscetibilidade da terra à extensão e duração das inundações. Também influencia a subsidência em diferentes partes da área de estudo. A sua influência na migração dos canais foi detectada em muitos casos, por exemplo, na migração do Brahmaputra e na deslocação do Someswari (Alam e Islam, 2004). A rápida atividade neotectónica nos leques orientais aumenta a possibilidade de migração do canal. As forças de compressão N-S e NE-SW estão activas na área, o que é indicado pela localização de várias ocorrências sísmicas. A este respeito, as falhas N-S ou zonas fracas (por exemplo, a falha de Dhudnoi e a falha de Jadukata) com a falha de Dauki têm também significado tectónico, podendo ser áreas de risco sísmico.

As depressões nas planícies aluviais dos rios Jamuna e Brahmaputra Velho e no terraço de Mymensingh mostram uma relação entre o rácio comprimento-largura das depressões e a superfície geomórfica específica onde existem. A relação é um índice de uma determinada superfície e, provavelmente, tem significado para decifrar a influência do padrão de sedimentação, do fornecimento de sedimentos, do clima, do tempo e da tectónica. O resultado do estudo pode ser aplicado para uma melhor compreensão da geologia holocénica do terreno aluvial.

Com base na deteção remota, nas evidências de campo e noutros dados relacionados, foi desenvolvido um modelo concetual que pode explicar os movimentos diferenciais de actividades recentes ao longo de uma zona fraca. Com este modelo, podem ser explicadas as actividades neotectónicas, o tipo e a natureza da Falha de Dauki, a evolução do relevo e a ocorrência de riscos naturais.

De acordo com o modelo, a área de estudo foi dividida em dois domínios, separados pela zona de charneira. No domínio ocidental, que não é sísmico, as actividades neotectónicas criam uma oscilação para cima e para baixo devido ao movimento para norte da placa indiana. No domínio oriental, que é co-sísmico, as actividades neotectónicas estão em curso devido ao movimento da placa indiana para norte e nordeste, criando rápidas alterações nas formas de relevo. O domínio ocidental está em fase de erosão, enquanto o domínio oriental está em fase de deposição.

A geologia da área tornou-se complicada devido à sua posição numa região tectonicamente complexa do mundo. É evidente que a Falha de Dauki desempenha um papel importante no desenvolvimento estrutural da área de estudo. A partir dos resultados deste estudo, a falha foi interpretada como sendo uma falha inversa com uma componente de deslizamento de ataque também na parte oriental. Além disso, o clima tropical húmido e o processo geológico, ou seja, a forte ação fluvial, também desempenham um papel significativo. No entanto, um estudo mais pormenorizado ajudaria a compreender melhor o sistema complexo essencial para o desenvolvimento sustentável da zona. Pode concluir-se aqui que, para além do efeito climático, a neotectónica desempenhou um papel significativo no desenvolvimento do relevo, no padrão de distribuição de sedimentos, na mineralização, na hidrogeologia e nos riscos naturais nesta região. Os resultados também mostram que as técnicas de deteção remota podem ser aplicadas com sucesso como ferramenta para este estudo num terreno sedimentar macio; e a importância de dados de deteção remota multiespectrais, multirresolução e multitemporais.

Referências

Adams, P. N., Slingerland, R. L. e Smith, N. D., 2004, Variations in Natural Levee Morphology in Anastomosed Channel Flood Plain Complexes, *Geomorphology*, **61**, 127-142.

Agarwal, P. N., 1986, A recent earthquake in Northeast India, *Proceedings of 2nd International Seminar on Earthquake Prognostics*, Berlin, Friedr, Vieweg & Sons.

Akhter, S. H. e Huque, M. A., 2004, RIS (?) e o seu impacto no projeto hidroelétrico de Kaptai: A shift in the Conceptualistic Model on the Origin of the Barkal Earthquake, *Bangladesh Journal of Geology*, **23**, 139-146.

Alam, A. K. M. K., 1997, Natural hazards in Bangladesh and role of geology for their mitigation, In: H. Kato e Y. Shimazaki (eds.), *Report of Eastern Asia Natural Hazards Mapping Programme Project (EANHMP)*, Geological Survey of Japan, 61-65.

Alam, A. K. M. K., 1999, Topographic Mapping using ERS-1 SAR Image and GIS in the Oosterschelde Tidal Basin, The Netherlands; *Actas do Segundo Simpósio Internacional sobre Operacionalização da Deteção Remota*, Enschede, Países Baixos.

Alam, A. K. M. K., 2001, Geomorphology and Neotectonics Along Some Faults in Bangladesh, *Bangladesh Geoscience Journal*, **7**, 51-62.

Alam, A. K. M. K., 2003, Neotectonics of the Ganges-Brahmaputra Delta, Bangladesh, *Proceedings of the 4th South Asia Geological Congress (GEOSAS-IV)*, Geological Survey of India, New Delhi, India,175-181.

Alam, A. K. M. K., 2004, Geology of the Mahadeo Fan, Mid-Northern Part of Bangladesh, *Bangladesh Journal of Geology*, **23**, 71-82.

Alam, A. K. M. K. e Islam, M. B., 2004, Response of the Someswari River (Bangladesh) to Neotectonics, *Bangladesh Geoscience Journal*, **10**, 27-37.

Alam, A. K. M. K. e Rahman, M., 2004, Implicação da sismicidade nas formas de relevo do Norte do Bangladesh (Abs); In: *Workshop Report on 4th International Workshop on Seismic Analysis in the South Asia Region*, Dhaka, Bangladesh; UNESCO, Paris; 51-52.

Alam Khorshed, A. K. M., 2014, Sikkim Earthquake 2011: Bangladesh Experience, In: C. Montomoli *et al.* (eds.), Proceedings for the 29th Himalaya-Karakoram-Tibet Workshop, Lucca, Italy; *Journal of Himalayan Earth Sciences* (Special Volume).

Alam, A. K. M. K., 2016, Learning for Bangladesh from Manipur Earthquake 2016, *Journal of Nepal Geological Society*, **52**, Special Issue, Kathmandu, Nepal, p. 6.

Alam, A. K. M. K. e Ahsan, A., 2016, Bangladesh's experience of the Nepal earthquake: A story of the impact on a seemingly unconnected region, In: S. P Singh, S. C. Khanal, and M. Joshi (eds.), *Lessons from Nepal's Earthquake for the Indian Himalayas and the Gangetic Plains*, Central Himalayan Environment Association (CHEA); Nainital, India, 102-114.

Alam, A. K. M. K. e Islam, M. B., 2017, Recent changes in Jadukata fan (Bangladesh) in response to Holocene tectonics, *Quaternary International* (2017), https://doi.Org/10.1016/j.quaint.2017.08.014

Alam, M., 1972, Tectonic Classification of Bengal Basin, *Geological Society of America Bulletin,* **83**(2), 519-522.

Alam, M., 1989, Geology and Depositional History of Cenozoic Sediments of the Bengal Basin of Bangladesh; *Palaeogeography, Palaeoclimatology, Palaeoecology*; **69**, 125-139.

Alam, M., Alam, M. M., Curray, J. R., Chowdhury, M. L. R. e Gani, M. R., 2003, An overview of the sedimentary geology of the Bengal Basin in relation to the regional tectonic framework and basin-fill history, *Sedimentary Geology*, Special issue, **155**, 179-208.

Alam, M. K. e Khan, M. R., 1980, Madhupur clay and its probable scope of economic uses, *Petroleum and Mineral Resources of Bangladesh*; Seminar & Exhibition, Ministry of Petroleum and Mineral Resources, Government of the People's Republic of Bangladesh, 57-60.

Alam, M. K., 1988, Geology of Madhupur Tract and its adjoining areas in Bangladesh, *Records of the Geological Survey of Bangladesh*, **5**(3), 18 p.

Alam, M. K., Hassan, A. K. M. S., Khan, M. R. e Whitney, J. W., 1990, *Geological Map of Bangladesh*, Geological Survey of Bangladesh, Dhaka, Escala 1: 1 000 000.

Allen, C. R., 1975, Geological Criteria for Evaluating Seismicity, *Geological Society of America Bulletin*, **86**, 1041-1057.

Ali, R. M. E., Miah, I., Arefin, K. M. S. e Arifuzzaman, M., 1994, Exploration of Limestone by using Remote Sensing and Electrical Resistivity Techniques in Greater Sylhet District, Bangladesh; *Bangladesh Journal of Geology*, **13**, 23-34.

American Geological Institute (AGI), 1980, *Glossary of Geology*, R. C. Bates and J. A. Jackson (eds.), 2nd Edition,751 p.

Amorosi, A., Farina, M., Severi, P., Caporale, L. e Di Dio, G., 1996, Genetically related alluvial deposits across active fault zones: an example of alluvial fan---terrace correlation from the upper Quaternary of the southern Po Basin, Italy; *Sedimentary Geology*, **102**, 275-295.

Asiatic Society of Bangladesh, 2003, *Banglapaedia*, Dhaka, Bangladesh, **1-10**.

Bakhtine, M. I., 1966, Major tectonic features in Pakistan, *Eastern Province*

Science and Industry, **4**(2), 89-100.

Bakr, M. A. and Jackson, R. O., 1964, *Geological Map of Pakistan, Government* of Pakistan, Geological Survey of Pakistan, Quetta, Pakistan, Scale 1: 4, 000, 000.

Bakr, M. A., 1977, Quaternary Geomorphic Evolution of the Brahmanbaria-Noakhali Area, Comilla and Noakhali Districts, Bangladesh; *Records of the Geological Survey of Bangladesh*, **1**(2), 48 p.

Barua, D. K., Klaassen, G. J. e Mahmood, S., 1995, On the Adaptation and Equilibrium of Bangladesh River, *Sixth International Symposium on River Sedimentation;* New Delhi, India, 277-291.

Beratan, K. K. e Anderson, R., 1998, The Use of Landsat Thematic Mapper Data for Mapping and Correlation of Quaternary Geomorphic Surfaces in the Whipple Mountains, California; *International Journal of Remote Sensing*, **19**, 2345-2359.

Bhandari, S., Maurya, D. M. e Chamyal, L. S., 2005, Late Pleistocene alluvial plain sedimentation in Lower Narmada Valley, Western India: Palaeoenvironmental implications; *Journal of Asian Earth Sciences*, **24**, 433-444.

Bilham, R. e Gaur, V. K., 2000, Geodetic contributions to the study of seismotectonics in India, *Current Science*, **79**(9), 1259-1269.

Bilham, R. e England, P., 2001, Plateau "pop-up" in the great 1897 Assam earthquake, *Nature,* **410**, 806-809.

Bilham, R., Gaur, V. K. e Molnar, P., 2001, Himalayan Seismic Hazard; *Science*, **293**, 1442-1444.

Biswas, S. e Grasemann, B., 2005, Quantitative morphotectonics of the southern Shillong Plateau (Bangladesh/India*), Austrian Journal of Earth Sciences*, Vienna, **97**, 82-93.

Blumberg, D. G., Neta, T., Margalit, N., Lazar, M. e Freilikher, V., 2004, Mapping Exposed and Buried Drainage Systems Using Remote Sensing in the Negev Desert, Israel; *Geomorphology*, **61**, 239-250.

Bolt, B. A., 1997, An Assessment of Seismic Hazard Assessments, In: Yemei Wang and Klaus K. E. Neuendorf (eds), *Symposium Proceedings on Earthquakes-Converging at Cascadia*, AEG Special Publication 10 and Oregon Department of Geology and Mineral Industries Special Paper 28, Oregon Department of Geology and Mineral Industries and Association of Engineering Geologists, Oregon, USA, 1-16.

Brammer, H., 1990, Floods in Bangladesh I. Geographical background to the 1987 and 1988 floods, *The Geographical Journal,* **156**(1), 12-22.

Brammer, H. e Khan, H. R., 1991, Bangladesh Country Study, In: *Disaster Mitigation in Asia and the Pacific*, Banco Asiático de Desenvolvimento,

Filipinas, 71-150.

Brammer, H., 1996, *The Geography of the Soils of Bangladesh*, University Press Ltd., Dhaka, 287 p.

Bridgland, D. R., 2000, River Terrace Systems in the North-West Europe: an Archive of Environmental Change, Uplift and Early Human Occupation; *Quaternary Science Reviews*, **19**, 1293-1303.

Brierley, G. J., Ferguson, R. J. e Woolfe, K. J., 1997, What is a fluvial levee?, *Sedimentary Geology*, **114**, 1-9.

Bristow, C. S., 1987, Brahmaputra River: Migração e Deposição de Canais, *Desenvolvimento Recente em Sedimentologia Fluvial;* A Sociedade de Paleontólogos Económicos e Mineralogistas, 63-74.

Bull, W. B., 1964, Geomorphology of segmented alluvial fans in western Fresco County, California, *USGS Professional Paper*, **352-E**, 89-129.

Burnett, A. W. e Schumm, S. A., 1983, Alluvial-River Response to Neotectonic Deformation in Louisiana and Mississippi, *Science,* **222**, 49-50.

BWDB, 2005, *Rivers of Bangladesh*, Hydrology Section, Dhaka, 620 p, (em bangla).

Campbell, J. B., 1997, *Introduction to Remote Sensing*, The Guilford Press, Nova Iorque.

Cazanacli, D. e Smith, N. D., 1998, A study of morphology and texture of naturallevees---CumberlandMarshes , Saskatchewan, Canada; *Geomorfologia*, **25**, 43-55.

Chamyal, L. S., Maurya, D. M., Bhandari, S. e Raj, R., 2002, Late Quaternary geomorphic evolution of the lower Narmada valley, Western India: implications for neotectonics activity along the Narmada-Son Fault; *Geomorphology*, **46**, 177-202.

Chen, W. P. and Molnar, P., 1990, Source parameters of earthquakes and intraplate deformation beneath the Shillong Plateau and northern Indoburman ranges, *Journal of Geophysical Res.*, **95-B8**, 12527-12552.

Chen, Y. G. e Liu, T. K., 2000, Holocene Uplift and Subsidence Along an Active Tectonic Margin Southwestern Taiwan; *Quaternary Science Reviews*, **19**, 923-930.

Chowdhury, K. R., Biswas, B. e Ahmed, A. M. M., 1996, The Structural and Tectonic Set-up of Jaintapur and Adjacent Areas, Sylhet District, Bangladesh; *Bangladesh Geoscience Journal*, **2**, 1-14.

Coates, D. A., Whitney, J. W., Alam, A. K. M. K. e Huq, M. A., 1988, Evidence of Neotectonic Activity on the Bengal Delta, Bangladesh; *Geological Society of America Abstracts with Programs,* 54-55.

Coates, D. A. e Alam, A. K. M. K., 1990, The Mymensingh Terrace: Evidence of

Holocene Deformation in the Delta of the Brahmaputra River, Central Bangladesh; *Geological Society of America Abstracts with Programs,* **22**(7), 310.

Coates, D. A., Whitney, J. W., Sawatzky, D. L. e Alam, A. K. M. K., 1991, Holocene Deformation in the Ganges-Brahmaputra Delta: a Fator in Flood Distribution in Bangladesh; *American Geophysical Union Meeting Program and Abstract*, **72**(44), São Francisco, EUA.

Coates, D. A., Sawatzky, D. L. and Alam, A. K. M. K., 1992, Geomorphic Evidence of Holocene Deformation along the Eastern Margin of the Indian Plate: one key to understanding Flooding in Bangladesh, *Abstracts*, 1st South Asia Geological Congress (GEOSAS-I), Pakistan.

Coleman, J. M., 1969, Brahmaputra River: Channel Processes and Sedimentation, *Sedimentary Geology*, **3**, 129-239.

Crone, A. J., 1987, Introduction to Directions in Paleoseismology; In: A. J. Crone and E. M. Omdahl (eds.), *Proceedings of Conference XXXIX Directions in Paleoseismology*, US Geological Survey; New Mexico, 456 p.

Curray, J. R. e Moore, G. D., 1974, Sedimentary and Tectonic Processes in the Bengal Deep Sea Fan and Geosyncline, In: C. A. Burk e C. L. Drake (eds.), *A Geologia e a Margem Continental*, Springer-Verlag, Nova Iorque, 617-627.

Curray, J. R., Emmel, F. J., Moore, D. G. e Raitt, R. W., 1983, Structure, tectonics, and geological history of the northeastern Indian Ocean, In: A. E. M. Nairu e F. G. Stehli (eds.), *The Ocean Basins and Margins*, Plenum, New York, **6**, 399-450.

Curray, J. R., 1991, Possible greenschist metamorphism at the base of 22-km sedimentary section, Bay of Bengal; *Geology*, **19**, 1097-1100.

Curray, J. R., Emmel, F. J. e Moore, D. G., 2003, The Bengal Fan: morphology, geometry, stratigraphy, history, and processes; *Marine and Petroleum Geology*, Elsevier, **19**, 1191-1223.

Das, A. e Chattopadhyay, G. S., 1993, Neotectónica na Cintura Interfluvial de Tista, Jaldhaka e Torsa do Norte de Bengala; *Registos do Serviço Geológico da Índia*, **121**(2-8), 101-109.

Das, J. D., Saraf, A. K. e Jain, A. K., 1995, Fault Tectonics of the Shillong Plateau and Adjoining Regions, North-east India Using Remote Sensing Data, *International Journal of Remote Sensing*, **16**(9), 1633-1646.

DeMets, C., Gordon, R. G., Argus, D. F. e Stein, S., 1990, Current plate motions, *Geophysical Journal International*, **101**, 425-478.

DeMets, C., Gordon, R. G., Argus, D. F. e Stein, S., 1994, Current plate motions, *Geophysics Research Letter*, **21**, 2191-2194.

Desikachar, S. V., 1974, A review of the tectonic and geological history of eastern India in terms of "Plate Tectonics" theory; *Journal of the Geological Society of India*, **15**, 137-149.

Dumont, J. F., 1996, Neotectónica do limite do cratão Subandes-Brasil com base em dados geomorfológicos: as bacias do Maranon e do Beni; *Tectonophysics*, **257**, 137-151.

Drury, S. A., 1993, *Image Interpretation in Geology*, Chapman & Hall, Londres, 283 p.

Ellis, M., Gomberg, J. e Schweig, E., 2001, Indian Earthquake May Serve as Analog for New Madrid Earthquakes, *EOS Transactions*, American Geophysical Union, **82**(32).

Evans, P., 1964, Tectonic Framework of Assam, *Journal of Geological Society of India*, **5**, 80-96.

Fergusson, J., 1863, On recent changes in the delta of the Ganges; *Journal of Geological Society*, London, **19**, 322-354.

Gee, E. R., 1934, The Dhubri Earthquake of July 8, 1930, *Memoirs of Geological Survey of India*, **65**(1), 1-106.

GSI, 2000, *Seismotectonic Atlas of India and Its Environs*, Geological Survey of India, Special Publication, **59**.

Ghosh, P. K., 1952, Western Rajputana, its tectonics and minerals, including evaporates; *Bulletin National Institute of Science*, India, **1**, 101-130.

Ghosh, D. K., 1992, Superfícies de aplanação da planície aluvial da Índia Ocidental durante o Quaternário tardio: Implicações da Tectónica, In: I. B. Singh. (ed.), *Ganga Plain: Terra Incognita*, Departamento de Geologia, Universidade de Lucknow, Índia, 15-21.

Goodbred Jr., S. L. e Kuehl, S. A., 2000, The Significance of Large Sediment supply, Active Tectonism, and Eustasy on Margin Sequence Development: Late Quaternary Stratigraphy and Evolution of the Ganges-Brahmaputra Delta; *Sedimentary Geology*, **133**, 227-248.

Goodbred Jr., S. L., Kuehl, S. A. Steckler, M. S. e Sarker, M. H., 2003, Controls on Facies distribution and Stratigraphic preservation in the Ganges-Brahmaputra Delta Sequence; *Sedimentary Geol.*, **155**, 301-136.

Goodbred Jr., S. L., 2003, Response of the Ganges dispersal system to climate change: a source-to-sink view since the last interstade, *Sedimentary Geology*, **162**, 83-104.

Goswami, U., Sarma, J. N. e Patgiri, A. D., 1999, River channel changes of the Subansiri in Assam, India; *Geomorphology*, **30**, 227-244.

Goy, J. L., Simon, J. L. e Zazo, C., 1988, Criterios geomorforlogicos aplicados a la neotectonica, In: M. Gutierrez e J. L. Pena (eds.), *Perspectivas en*

Geomorfologia, 4-27, S. E. G., Zaragoza.

Graham, S. A., Dickinson, W. R. e Ingersoll, R. V., 1975, Himalayan-Bengal model for flysch dispersal in the Appalachian-Ouachita system, *Geological Society of America Bulletin*, **86**, 273-286.

Guha, D. K., 1978, Tectonic framework and oil and gas prospects of Bangladesh, *4th Annual Conference Proceedings*, Bangladesh Geological Society, 6576.

Hashizume, M. e Missotten, R., 1995, Hazard Map and International Cooperation; *Geological Survey of Japan Report No. 281*, 19-24.

Hiller, K. e Elahi, M., 1984, Structural development and hydrocarbon entrapment in the Surma Basin, Bangladesh (Northeast Indo-Burman fold belt); *Actas da 5th Offshore Southeast Asia Conference*, Singapura, 6-50-6-63.

Hiller, K., 1988, On the Petroleum Geology of Bangladesh: Bundesanstalt fUr Geowissenschaften und Rohstoffe und Geologissche Landesamter in der Bundesrepublic Deutschland , Hannover, **51**, 1-35.

Hoque, M., 1974, Geological Framework of Bangladesh, *Studies in Bangladesh Geography*, Bangladesh National Geographic Association, 1-18.

Holtrop, J. F. e Kaizer, J., 1970, Some Aspects of Stratigraphy and Correlations of the Surma Basin wells, East Pakistan, Stratigraphic Correlation between sedimentary basins of ESCAP Region, *Mineral Resource Development Series*, United Nations, New York, **2**(36).

Hossain, K. M., 1986, Geotectonic Influence on the Rivers of the North Western Part of Bangladesh with Reference to the Proposed Link Canal, *Bangladesh Journal of Scientific Research*, **4** (1), 35-47.

Hossain, K. M., 1988, Earthquake Occurrences and Tectonics in Bangladesh, *Bangladesh Journal of Geology*, **7**, 1-10.

Howard, A. D., 1967, Drainage Analysis in Geologic Interpretation: A Summation, *Amer. Assoc. Pet. Geol. Bull.*, **51**(11), 2246-2259.

Hsu, L. e Pelletier, J. D., 2004, Correlation and Dating of Quaternary Alluvial- fan Surfaces Using Scarp Diffusion, *Geomorphology*, **60**, 319-335.

Hunter, W. W., 1877, *A Statistical Account of Bengal*, VIII, D. K. Publishing House, Delhi, 326 p.

Hunting Geology and Geophysics Ltd., 1980, *Aeromagnetic Survey of Bangladesh*, 2 mapas à escala 1: 500 000, Governo da República Popular do Bangladesh, Daca, 43 p.

ITC, 1998, Integrated Land and Water Information System (ILWIS), Versão 2.2, ITC, Países Baixos.

Ingersoll, R. V., Graham, S. A. e Dickinson, W. R., 1995, Remnant Ocean Basins, In: C. J. Busby e R. V. Ingersoll (eds.), *Tectonics of Sedimentary Basins*, Blackwell Science, Cambridge, MA, 362-391.

Islam, M. M., 1985a, Glass sand Deposits of the Balijuri Area, Sherpur District, Bangladesh, *Records of the Geological Survey of Bangladesh*, **3**(4), 28 p.

Islam, M. N., 1985b, White Clay (Kaolin) Deposits of Bijaipur Area, Netrakona District, Bangladesh; *Records of the Geological Survey of Bangladesh*, **4**(3), 53 p.

Islam, M. N. e Alam, A. K. M. K., 1992, Geology of Haluaghat-Dhobaura Area, Mymensingh and Netrakona Districts, Bangladesh; *Records of the Geological Survey of Bangladesh*, **6**(4), 9 p.

Islam, M. K., Majlis, A. B. K. e Nizamuddin, M., 1995, Structure and Tectonics of the Eastern Part of the Jamuna Valley, Bangladesh: A Tectonic-Geomorphic Approach, *Bangladesh Journal of Geology*, **14**, 1523.

Janssen, L. L. F., 2001, Visual Image Interpretation, In: L. L. F. Janssen e G. C. Huurneman (eds.), *Principles of Remote Sensing*, International Institute for Aerospace Survey and Earth Sciences (ITC), Países Baixos, 135-149.

Jefferson, M., 1907, Lateral erosion on some Michigan rivers, *Geological Society of America Bulletin*, **18**, 333-350.

Jensen, J. R., 2000, *Remote Sensing of the Environment-An Earth Resources Perspective,* Prentice Hall, New Jersey, 544 p.

Johnson, S. J. e Alam, A. M. N., 1991, Sedimentation and tectonics of the Sylhet trough, Bangladesh; *Geological Society of America Bulletin*, **103**, 1513-1527.

Kamal, A. S. M. M., Dewan, A. M. e Rahman, M. Z., 2000, Differentiation of Morphotectonic Landforms in the Mid-Northern Part of Bangladesh: A Study Using Remote Sensing and GIS Techniques; *Bangladesh Journal of Geology*, **19**, 1-12.

Kayal, J. R., 1987, Microseismicity and source mechanism study, Shillong plateau, Northeast India, *Bulletin of the Seismological Society of America*, **77**(1), 184-194.

Keller, E. A., 1986, Investigation of Active Tectonics: Use of Surficial Earth Processes, In: *Active Tectonics Studies in Geophysics*, National Academy Press, Washington, D. C., 136-163.

Keller, E. A. e Pinter, N., 2002, *Active Tectonics-Earthquake, Uplift and Landscape* (2nd Ed.), Prentice Hall, New Jersey, 362 p.

Khandoker, R. A., 1987, Origem das Áreas Elevadas de Barind-Madhupur, Bacia de Bengala: Resultado de actividades neotectónicas, *Bangladesh Journal of Geology*, **6**, 1-9.

Khandoker, R. A., 1989, Development of major tectonic elements of the Bengal Basin: a plate tectonic appraisal, *Bangladesh Journal of Scientific Research*, **7**, 221-232.

Khan, A. A. e Akhter, S. H., 1999, Tectogenesis of the Bengal Geosyncline, *Bangladesh Journal of Geology*, **18**, 37-44.

Khan, A. A., 1989, Geodynamics of the eastern Folded Belt of the Bengal Geosyncline with Reference to Burma, *Bangladesh Journal of Geology*, **8**, 13-22.

Khan, A. A., 1991a, Tectonics of the Bengal basin, *Journal of Himalayan Geology*, **2**(1), 91-101.

Khan, F. H., 1991b, *Geology of Bangladesh*, The University Press Limited, Dhaka, Bangladesh, 207 p.

Khan, M. A. M., 1978, Geology of the eastern and north-eastern parts of Sadar subdivision, Sylhet District, *Records of the Geological Survey of Bangladesh*, **2**(4).

Khan, M. A. M., 1980, Status of exploration for oil, and gas in Bangladesh, *Petroleum and Mineral Resources of Bangladesh*, Seminar and Exhibition, Ministry of Petroleum and Mineral Resources, Government of the People's Republic of Bangladesh, 30-34.

Khan, M. R. e Muminullah, M., 1980, Stratigraphy of Bangladesh, *Petroleum and Mineral Resources of Bangladesh*, Seminário e Exposição, Ministério do Petróleo e dos Recursos Minerais, Governo da República Popular do Bangladesh, 35-40.

Khan, M. R., 1982, A note on the biostratigraphy of Kopili Formation of shelf facies, Bengal Basin, *Bangladesh Journal of Geology*, **1**,61-64.

Khan, M. R. e Akhtar, A., 1982, Bengal Basin: *ESCAP Atlas of Stratigraphy III*, Stratigraphic Correlation between Sedimentary Basins of the ESCAP Region, **VIII**, 11-12.

Khan, M. R. e Muminullah, M., 1988, Stratigraphic Lexicon of Bangladesh, *Records of the Geological Survey of Bangladesh*, **5**(1), 70 p.

Khan, M. R., 2002, Plate Tectonics and Bangladesh, *Journal of the Asiatic Society of Bangladesh Science*, Golden Jubilee Issue, Dhaka, Bangladesh, **28(**2), 39-62.

Krishnan, M. S., 1982, *Geology of India and Burma*, 6th Edition, CBS Publishers and Distributors, Madras, Índia, 535 p.

Krzyszkowski, D. and Stachura, R., 1998, Neotectonically controlled fluvial features, Walbrzych Upland, Middle Sudeten Mts, southwestern Poland, *Geomorphology*, **22**, 73-91.

Legg, C. A., 1992, *Remote Sensing and Geographic Information Systems*, Ellis Horwood Ltd., Nova Iorque, 166 p.

Leopold, L. B. e Wolman, M. G., 1957, River channel patterns: braided, meandering and straight, *US Geological Survey Professional Papers*, **282B**,

39-85.

Li, Y., Yang, J., Xia, Z. e Mo, D., 1998, Tectonic geomorphology in the Shanxi Graben system, northern China, *Geomorphology*, **23**, 77-89.

Lillesand, T. M. and Kiefer, R. W., 2000, *Remote Sensing and Image Interpretation* (4th ed.), John Wiley & Sons, New York, 750 p.

Lohmann, H. H., 1995, On the tectonics of Bangladesh, *Swiss Association of Petroleum Geology and Engineering Bulletin*, **62**(140), 29-48.

Mazumdar, K., Sengupta, R. e Mishra, M. N., 2001, Neotectonism in Brahmaputra Valley, Assam, Simpósio Nacional sobre o Papel das Ciências da Terra no Desenvolvimento Integrado e Questões Societais Relacionadas, Serviço Geológico da Índia, *Publicação Especial 65*, **III**, 227-230.

McCalpin, J. P., 1996, Field Techniques in Paleoseismology, In: J. P. McCalpin (ed.), *Paleoseismology*, Academic Press, New York, 588 p.

McGuire, R. K., 2004, *Seismic Hazard and Risk Analysis*, Earthquake Engineering Research Institute, Oakland, Califórnia, EUA, 221 p.

Mescherikov, Y. A., 1968, Neotectónica, In: R. W. Fairbridge (ed.), *Encyclopedia of Geomorphology,* Nova Iorque, Reihold, 768-773.

Middlemiss, C.S., 1885, Report on the Bengal Earthquake of 14th July 1885, *Records of the Geological Survey of India*, **XVIII**(4), 200-221.

Ministério dos Assuntos do Gabinete, 1975, *Bangladesh District Gazetteers Sylhet*, Governo da República Popular do Bangladesh, 482 p.

Ministério do Estabelecimento, 1992, *Bangladesh District Gazetteers Greater Mymensingh*, Governo da República Popular do Bangladesh, 599 p (em bangla).

Mishra, A. K., Bedajna, A. K., Mishra, A. P., Meshram, S. N. e Mishra, H., 1989, Geological and Geomorphological Mapping of Quaternary Formation in Subarnarekha and Baitarani-Brahmani Basin in Cuttack, Balasore, Keonjhar and Mayurbhanj Districts, Orissa; In *Records of the Geological Survey of India*, **122**(3), 7-9.

Molnar, P. e Tapponnier, P., 1975, Cenozoic tectonics of Asia: Effects of continental collision, *Science*, **189**(4201), 419-426.

Molnar, P., 1987, The distribution of intensity associated with the Great 1897 Assam Earthquake and bounds on the extent of the rupture zone, *Journal of the Geological Society of India*, **30**(1), 13-27.

Morgan, J. P. e McIntire, W. G., 1959, Geologia Quaternária da Bacia de Bengala, Paquistão Oriental e Índia, *Geol. Soc. America Bulletin;* **70**, 319-342.

Mukhopadhyay, M. e Dasgupta, S., 1988, Deep structures and tectonic of Burmese arc: constraints from earthquake and gravity data, *Tectonophysics*, **149**, 299-322.

Murphy, R. W., 1988, Bangladesh enters the oil era, *Oil and Gas Journal*, Feb 29, 76-82.

Murthy, M. V. N., Talukdar, S. C., Bhattacharya, A. C. e Chakrabarti, C., 1969, The Dauki Fault of Assam, *Bulletin of the Oil and Natural Gas Commission*, **6**(2), 57-64.

Nagarajan, R., Vinod Kumar, R. e Roy, A., 1995, Synergetic Use of Active and Passive Remotely-Sensed and Map Data in the Delineation of Part of Godavari Palaeocourse, *Int. Journal of Remote Sensing*, **16**(13), 2393-2401.

Nandy, D. R., 2001, *Geodynamics of Northeastern India and the adjoining Region*, ACB Publication, Kolkata, India, 209 p.

Novak, I. D. e Soulakellis, N., 2000, Identifying geomorphic features using LANDSAT-5/TM data processing techniques on Lesvos, Greece, *Geomorphology*, **34**, 101-109.

Obermeier, S. F., 1996, Using Liquefaction-Induced Features for Paleoseismic Analysis, In: J. P. McCalpin (ed.), *Paleoseismology*, Academic Press, 331396.

Officers of the Geological Survey of India, 1939, The Bihar-Nepal Earthquake of 1934, *Memoirs of the Geological Survey of India*, **73**, 391 p.

Oldham, R. D., 1899, Report of the Great Earthquake of 12th June, 1897, *Memoirs of the Geological Survey of India*, **29**, 379 p.

Oldham, T., 1882, The Cachar Earthquake of 10th January, 1869; *Memoirs of the Geological Survey of India*, **19**(1), 88 p.

Ouchi, S., 1985, Response of Alluvial Rivers to Slow Active Tectonic Movement, *Geological Society of America Bulletin*, **96**, 504-515.

Oya, M., 1977, Applied Geomorphological Study on the Selection of the Proposed Bridge-site along the Jamuna River in Bangladesh, *National Geographer* (Allahabad), **12**, 103-113.

Pal, S. K., Das, A. e Biswas, J. K., 1989, Quaternary Geological and Geomorphological Mapping in Mahananda Basin in Parts of Jalpaiguri and Malda Districts, West Bengal; *Records of the Geological Survey of India*, **122**(3), 11.

Panizza, M. e Castaldini, D., 1987, Neotectonic research in applied geomorpholical studies, *Z. Geomorph*. N. F., Suppl. Bd. **63**, Berlim, 173211.

Prakash, O., Sinha, K. K., Sinha, R. K., Raju, D. C. L., Haque, M. W. e Reddy, B. S. S., 1989, Quaternary Geological and Geomorphological Mapping of the Kosi-Gandak Interfluve, North Bihar; *Records of the Geological Survey of India*, **122**(3), 4-5.

Prasad, S., Pandarinath, K. e Gupta, S. K., 1998, Geomorphology, tectonism and sedimentation in the Nal region, western India, *Geomorphology*, **25**, 207-223.

Rahman, A. e Islam, M. N., 1985a, Limestone Deposits of Lalghat, Sunamganj District, Bangladesh; *Records of the Geological Survey of Bangladesh*, **4**(1), 31 p.

Rahman, A. e Islam, M. N., 1985b, *Limestone Deposits of Bhangerghat, Sunamganj District, Bangladesh; Records of the Geological Survey of Bangladesh*, **4**(2), 25 p.

Rahman, A. e Manwar, A., 1988, Gravel Deposits of Bholaganj and its Adjoining Areas, Sylhet District, Bangladesh; *Records of the Geological Survey of Bangladesh*, **5**(4), 24 p.

Rahman, M. A., Mannan, M. A., Blank, H. R., Kleinkopf, M. D. e Kucks, R. P., 1990a, *Bouguer Gravity Anomaly Map of Bangladesh*, Geological Survey of Bangladesh, Dhaka, Escala 1: 1 000 000.

Rahman, M. A., Blank, H. R., Kleinkopf, M. D. e Kucks, R. P., 1990b, *Aeromagnetic Anomaly Map of Bangladesh*, Geological Survey of Bangladesh, Dhaka, Escala 1: 1 000 000.

Raju, A. T. R., 1968, Geological Formation of Assam and Cambay Tertiary Basins of India; *Bulletin of American Association of Petroleum Geologists*, **52**(12), 2442-2437.

Rashid, H.E.,1991, *Geography of Bangladesh*, University Press Ltd.,Dhaka, 529p.

Reimann, K. U., 1993, *Geology of Bangladesh*, Gebruder Borntrager, Berlim, 160 p.

Reineck, H. E. e Singh, I. B., 1980, *Depositional Sedimentary Environment*, 2nd Edition, Springer-Verlag, Berlin, 549 p.

Reiter, L., 1990, *Earthquake Hazard Analysis*, Columbia University Press, 254 p.

Rennell, J. J., 1781, The Ganges and Brahmaputra Rivers: Royal Society of London, *Philosophical Transactions*, **LXXI**, 91-103.

Ricchetti, E., 2001, Visible-infrared and radar imagery fusion for geological application: a new approach using DEM and sun-illumination model, *International Journal of Remote Sensing*, **22**(11), 2219-2230.

Ritter, D. F., 1972, The significance of stream capture in the evolution of a piedmont region, southern Montana, *Z. Geomorphology*, **16**, 83-92.

Roy, A. B., 2003, Late Quaternary Neotectonic Deformations as the Cause of Drainage Disorganisation and Extinction of the Vedic Saraswati, *Proceedings of the 4th South Asia Geological Congress (GEOSAS-IV)*, Geological Survey of India, New Delhi, India, 182-191.

Sareen, B. K., Tandon, S. K. e Bhola, A. M., 1993, Slope Deviatory Alignment, Stream Network and Lineament Analysis of the Sabarmati River System-

Neotectonic Activity in the Mid to Late Quaternary, *Current Science*, **64**, 827-836.

Schubert, C., 1982, Neotectónica da Falha de Bocono, Oeste da Venezuela, *Tectonophysics*, **85**, 205-220.

Schumm, S. A., 1977, *The Fluvial System*, John Wiley & Sons, Nova Iorque, 338 p.

Schumm, S. A., 1986, Alluvial river response to active tectonics, In: *Active Tectonics Studies in Geophysics,* Washington, D. C., National Academy Press, 80-94.

Schumm, S. A., 1993, River Response to Baselevel Change: Implications for Sequence Stratigraphy, *The Journal of Geology*, **101**(2), 279-294.

Sclater, J. G. e Fisher, R. L., 1974, Evolution of the East Central Indian Ocean with emphasis on the tectonic setting of the Ninety East Ridge, *Bulletin of Geological Society of America*, **85**, 583-702.

Seeber, L. e Armbruster, J. G., 1981, Great Detachment Earthquakes along the Himalayan arc and Long Term Forecasting in Earthquake Prediction, *An International Review Maurice Ewing Series*, American Geophysical Union, Washington D. C., **4**, 259-277.

Selby, M. J., 1989, *Earth's Changing Surface: An Introduction to Geomorphology*, Oxford: Clarendon Press, 607 p.

Sengupta, S., 1966, Geological and Geophysical studies in the western part of Bengal Basin, India, *Bulletin of American Association of Petroleum Geologists*, **50**(5), 1001-1017.

Sesoren, A., 1984, Geological Interpretation on Landsat Imagery of the Bangladesh Ganges Delta, *ITC Journal*, **3**, 229-232.

Shahjahan, M., 1992, Flood Disaster Management in Deltaic Plain Integrated with Rural Development, In: *Integrated Approach to Rural Development and Disaster Management in Bangladesh, United Nations Centre for Regional Development, UNCRD Meeting Report Series*, **49/II**, 69-84.

Shamsuddin, A. H. M. e Abdullah, S. K. M., 1997, Geologic Evolution of the Bengal Basin and its Implication in Hydrocarbon Exploration in Bangladesh, *Indian Journal of Geology*, **69**(2), 93-121.

Singh, I. B., 1996, Geological Evolution of Ganga Plain-An Overview, *Journal of Palaentological Society of India*, **41**, 99-137.

Smith, N. D., McCarthy, T. S., Ellery, W. N., Merry, C. L. e Ruther, H., 1997, Avulsion and anastomosis in the Panhandle region of the Okavango, Botswana, *Geomorphology*, **20**, 49-65.

SPARRSO, 1984, Landsat MSS FCC Mosaico do Bangladesh, Escala: 1: 1,000,000.

SRDI, 1990, *Directory on the Use of Land and Soil Resources*, Nakla Thana, Sherpur District, Ministério da Agricultura, 91 p (em bangla).

SRDI, 1991a, *Directory on the Use of Land and Soil Resources*, Sherpur Sadar Thana, Sherpur District, Ministério da Agricultura, 107 p (em bangla).

SRDI, 1991b, *Diretório sobre a utilização dos recursos da terra e do solo*, Sarishabari Thana, distrito de Jamalpur, Ministério da Agricultura, 79 p (em bangla).

Srinivasan, V., 2003, Deciphering differential uplift in Shillong plateau using remote sensing, *Journal of the Geological Society of India*, **62**(6), 773-778.

Srivastava, P., Singh, I. B., Sharma, S., Shukla, U. K. e Singhvi, A. K., 2003, Late Pleistocene-Holocene Hydrologic Changes in the Interfluve areas of the Central Ganga Plain, India; *Geomorphology*, **54**, 279-292.

Starkel, L., 1972, The modelling of monsoon areas of India as related to catastrophic rainfall, *Geogr. Polónica*, **23**, 151-173.

Starkel, L., 1998, *Geomorphic* response to climate and environmental changes along a Central Asian transect during the Holocene, *Geomor.*, **23**, 293-305.

Stuart, M., 1920, The Srimnagol earthquake of 8th July, 1918, *Memoirs of Geological Survey of India*, **46**(1).

Sukhija, B. S., Rao, M. N., Reddy, D. V., Nagabhusanam, P., Hussain, S., Chadha, R. K. e Gupta, H. K., 1999, Timing and return of major paleoseismic events in the Shillong Plateau, India, *Tectonophy*, **308**, 53-65.

Thornbury, W. D., 1969, *Principles of Geomorphology*, 2nd Ed., Wiley, 594 p.

Uddin, A. e Lundberg, N., 2004, Miocene sedimentation and subsidence during continent-continent collision, Bengal basin, Bangladesh, *Sedimentary Geology*, **164**, 131-146.

Umitsu, M., 1985, Natural Levees and Landform Evolutions in the Bengal Lowland, *Geographical Review of Japan*, Series B, **58**, 149-164.

Umitsu, M., 1987, Late Quaternary Sedimentary Environments and Landform Evolution in the Bengal Lowland, *Geographical Review of Japan*, Series B, **60**, 164-178.

Umitsu, M., 1993, Late Quaternary sedimentary Environments and Landforms in the Ganges Delta, *Sedimentary Geology*, Elsevier Science Publishers BV, Amsterdam, **83**, 177-186.

van der Meijde, M., 2004, Tsunami in Asia: Cause, Impact and Prevention, *ITC News*, International Institute for Geo-Information Science and Earth Observation, Países Baixos, **4**, 3-6.

Verstappen, H.Th., 1983, *Applied Geomorphology*, Elsevier Science Publishers B. V., Amesterdão, 437 p.

von Bandat, H. F., 1962, *Aerogeology*, Gulf, Houston, Texas, 350 p.

Wadia, D. N., 1975, *Geology of India*, 4th Edition Tata McGraw-Hill Publishing Co, New Delhi, 508 p.

Zaher, M. A., 1970, Limestone Deposits of the Western Part of Takerghat Area, District Sylhet (Pakistan); *Records of the Geological Survey of Pakistan*, **20**(2), 59-75.

Zaher, M. A. e Rahman, A., 1980, Prospects and investigations for mineral resources in the northern part of Bangladesh, In: *Petroleum and Mineral Resources of Bangladesh, Seminar* and Exhibition; Ministério do Petróleo e dos Recursos Minerais, Governo da República Popular do Bangladesh, 9-18.

Zuchiewicz, W., 1989, Morphotectonic phenomena in the Polish flysch Carpathians; a case study of the eastern Beskid Niski Mountains, *Quaest. Geogr., Spec, Issue*, **2**, 155-167.

Apêndice-1

Epicentros de terramotos na área de estudo e arredores durante 1764-2003.

NO	YEAR	MON	DAY	LATI	LONG	DEPTH	MAGNITUDE
1	1764	6	4	24.00	88.00		6.00 UKTS[1]
2	1897	6	12	26.00	91.00		8.50 UKRR[2]
3	1911	12	7	23.00	88.00		5.00 UKTS
4	1918	7	8	24.50	91.00		7.60 UKTS
5	1923	9	9	25.25	91.00		7.10 UKTS
6	1924	1	30	25.00	93.00		6.00 UKTS
7	1926	10	23	25.00	93.00		6.00 UKTS
8	1930	7	2	25.80	90.20		7.10 UKTS
9	1930	7	3	25.80	90.20		6.00 UKTS
10	1930	7	4	25.80	90.20		6.00 UKTS
11	1930	7	4	25.80	90.20		6.00 UKTS
12	1930	7	8	25.80	90.80		6.00 UKTS
13	1930	7	8	25.80	90.80		6.00 UKTS
14	1930	7	13	25.80	90.80		6.00 UKTS
15	1932	3	6	25.50	92.50		6.00 UKTS
16	1932	3	24	25.80	90.20		6.00 UKTS
17	1932	3	27	25.50	92.50		6.00 UKTS
18	1932	11	9	26.50	92.00		6.00 UKTS
19	1933	3	6	25.70	90.50		5.80 UKTS
20	1936	6	18	26.60	90.30		6.00 UKTS
21	1937	3	9	27.00	92.00		6.00 UKTS
22	1940	2	13	27.00	92.00		6.00 UKTS
23	1941	1	27	27.00	92.80		6.50 UKTS
24	1941	9	6	27.00	92.00		6.00 UKTS
25	1943	2	8	27.00	92.00		6.00 UKTS
26	1944	12	24	24.70	92.20		6.00 UKTS
27	1945	5	19	25.10	90.90		6.00 UKTS
28	1946	3	16	26.40	92.60		6.00 UKTS
29	1949	12	10	26.00	89.00		6.00 UKTS
30	1950	12	24	24.40	91.70		6.30 UKTS
31	1951	4	7	25.80	90.40		6.80 UKTS
32	1955	4	17	26.50	90.00		4.50 UKPDE[3]

33	1955	11	23	26.50	90.00		5.00 UKPDE
34	1956	6	12	24.80	90.90		6.00 UKTS
35	1957	12	12	24.50	93.00		6.00 UKTS
36	1958	1	4	27.00	92.00		6.00 UKTS
37	1958	2	9	24.90	90.90		5.00 UKTS
38	1960	5	26	27.00	93.00		5.00 UKTS
39	1960	7	29	26.90	90.30		6.50 UKTS
40	1960	8	21	26.40	88.60		5.50 UKTS
41	1961	11	6	26.70	91.90		6.00 UKTS
42	1961	6	25	27.00	90.00		6.00 UKTS
43	1963	4	21	24.80	90.90		6.20 UKTS
44	1963	6	19	24.90	90.50		6.20 UKTS
45	1965	4	11	26.70	92.30		5.10 UKTS
46	1966	2	24	26.40	91.50		5.10 UKTS
47	1966	3	23	25.90	90.00		4.40 UKPDE
48	1966	4	23	26.00	90.40		5.10 UKTS
49	1966	6	26	26.30	93.00		5.00 UKTS
50	1967	9	6	24.10	91.70		5.00 UKTS
51	1967	11	14	24.00	91.50		5.10 UKTS
52	1968	6	12	26.00	91.10		5.50 UKTS
53	1968	8	18	26.40	90.60		5.20 UKTS
54	1968	12	27	24.10	91.60		5.20 UKTS
55	1969	1	25	22.90	92.30		5.40 UKTS
56	1969	2	26	26.60	92.40		5.00 UKTS
57	1969	6	1	25.80	91.80		5.00 UKTS
58	1969	6	30	26.90	92.60		5.10 UKTS
59	1970	7	25	25.70	88.50		5.20 UKTS
60	1971	2	2	23.80	91.80		5.40 UKTS
61	1972	11	6	27.00	88.80		4.80 UKPDE
62	1973	9	11	27.00	92.53	54	4.80 mb
63	1973	11	2	25.72	91.60	20	4.80 mb
64	1974	1	20	22.84	92.94	33	4.80 mb
65	1974	5	15	25.55	91.80	32	4.50 mb
66	1974	9	21	25.68	90.91	27	4.70 mb
67	1977	2	6	24.31	92.88	42	4.70 mb

68	1977	6	5	26.22	88.32	33	4.80 mb
69	1977	12	23	23.64	92.39	33	5.10 mb
70	1978	3	18	24.28	92.87	39	4.60 mb
71	1978	3	28	23.20	92.90	33	4.80 mb
72	1978	11	18	26.24	92.10	55	4.40 mb
73	1978	12	29	23.56	92.97	33	4.80 mb
74	1979	1	9	25.41	92.87	18	4.40 mb
75	1979	1	28	24.61	91.17	33	4.90 mb
76	1979	2	26	26.27	91.20	33	4.20 mb
77	1979	4	11	25.98	88.82	33	4.80 mb
78	1979	5	12	23.97	92.45	33	4.70 mb
79	1979	7	29	26.75	91.74	66	4.60 mb
80	1980	6	11	25.76	90.21	33	4.80 mb
81	1980	10	30	23.93	91.29	33	5.00 mb
82	1980	12	22	26.33	89.31	33	4.50 mb
83	1982	1	11	24.69	92.07	33	4.70 mb
84	1982	1	28	25.17	90.66	33	4.20 mb
85	1982	2	26	25.57	90.75	63	4.70 mb
86	1982	2	26	26.20	92.17	33	4.60 mb
87	1982	6	20	26.50	90.21	33	4.50 mb
88	1982	7	6	25.91	90.32	33	5.10 mb
89	1982	8	21	25.05	92.34	33	4.70 mb
90	1982	8	31	25.38	91.47	33	5.00 mb
91	1982	9	21	25.15	91.40	33	4.60 mb
92	1982	11	18	26.11	91.56	33	4.80 mb
93	1982	12	30	26.16	91.64	40	5.00 mb
94	1982	12	30	26.32	92.05	33	4.60 mb
95	1983	1	19	25.64	91.29	10	4.90 mb
96	1983	2	2	26.89	92.89	33	5.20 mb
97	1984	5	21	23.72	91.59	33	5.30 mb
98	1984	9	30	25.36	91.47	33	5.10 mb
99	1984	11	15	26.70	92.72	74	4.70 mb
100	1984	12	30	24.64	92.89	22	5.60 mb
101	1985	6	17	25.59	90.23	22	4.70 mb
102	1985	11	3	23.58	91.50	32	4.90 mb

103	1986	1	7	26.93	88.32	69	5.00 mb
104	1986	2	8	23.90	92.99	39	5.20 mb
105	1986	2	19	25.14	91.18	17	5.30 mb
106	1986	9	10	25.39	92.08	43	5.20 mb
107	1986	10	14	25.03	91.98	33	4.70 mb
108	1986	12	31	26.48	92.94	49	4.80 mb
109	1987	7	16	23.70	92.59	33	4.40 mb
110	1987	12	11	26.02	90.94	54	4.60 mb
111	1988	2	6	24.69	91.57	33	5.80 mb
112	1988	2	17	24.52	91.43	39	4.50 mb
113	1988	2	28	24.70	91.57	28	4.60 mb
114	1988	4	30	25.91	91.57	33	4.20 mb
115	1988	9	4	26.28	91.77	33	4.00 mb
116	1989	1	10	24.10	92.46	33	4.30 mb
117	1989	3	8	26.99	92.75	33	5.10 mb
118	1989	3	13	22.60	91.97	33	4.10 mb
119	1989	4	13	24.47	92.50	33	5.10 mb
120	1989	4	29	25.25	91.60	33	4.30 mb
121	1989	5	9	22.88	92.50	104	4.00 mb
122	1989	6	11	26.42	90.76	33	4.60 mb
123	1989	9	19	26.79	92.79	67	4.60 mb
124	1990	2	5	24.88	92.43	33	4.10 mb
125	1990	5	14	22.71	92.55	33	4.40 mb
126	1990	9	2	26.65	92.67	45	5.20 mb
127	1990	10	29	26.52	92.40	33	4.90 mb
128	1990	11	15	23.90	92.94	49	5.20 mb
129	1990	12	29	26.62	92.58	33	5.00 mb
130	1991	1	2	25.50	91.26	33 N	5
131	1991	2	2	25.54	91.29	33	4.90 mb
132	1991	4	9	26.30	92.88	33 N	4.6
133	1991	4	13	24.44	91.35	33	4.00 mb
134	1991	5	11	24.16	93.61	63 D	5.1
135	1991	6	23	26.60	93.14	33 D	5.4
136	1991	8	22	25.10	91.33	33	4.70 mb
137	1991	9	2	25.03	90.84	33	4.70 mb

138	1991	9	7	24.16	93.53	33 N	4.9
139	1991	9	19	24.61	92.21	33	4.70 mb
140	1992	2	25	24.44	92.22	33	5.00 mb
141	1992	4	20	25.19	90.57	54	4.20 mb
142	1992	5	3	25.84	91.12	33	4.20 mb
143	1992	5	28	23.90	92.02	33	4.50 mb
144	1992	7	9	23.08	89.97	29	5.30 mb
145	1992	8	8	26.54	91.91	49	4.30 mb
146	1992	9	21	23.13	94.67	164 *	4.7
147	1992	12	12	25.39	91.41	40	5.00 mb
148	1992	12	16	25.47	92.56	33	4.10 mb
149	1993	1	3	25.42	90.23	33	4.50 mb
150	1993	2	12	23.51	92.34	33	4.30 mb
151	1993	2	17	26.10	92.91	33 N	4.5
152	1993	3	17	26.26	92.81	27	4.20 mb
153	1993	3	18	24.00	94.36	98 *	4
154	1993	4	1	23.15	94.42	107 D	5.3
155	1993	4	1	23.12	94.38	99 D	4.6
156	1993	7	14	23.07	93.82	28 D	4.8
157	1994	3	16	26.40	89.12	33	4.10 MLBJI
158	1994	4	24	26.37	91.27	33	4.30 mb
159	1994	4	15	25.93	90.49	33	4.30 MLBJI
160	1994	6	18	26.30	92.96	33	4.40 mb
161	1994	6	1	22.92	92.87	33	4.40 mb
162	1994	7	9	24.38	91.28	33	4.40 mb
163	1994	8	24	25.02	92.64	33	4.70 mb
164	1994	9	5	26.65	92.52	33	4.80 mb
165	1994	9	28	25.63	90.65	10	4.00 mb
166	1994	9	28	23.34	88.55	33	4.60 mb
167	1995	7	20	23.09	92.31	33	4.30 mb
168	1995	7	30	23.06	94.64	106 D	4.4
169	1995	7	30	26.94	92.65	33	4.30 mb
170	1995	8	8	26.22	90.20	28	4.40 mb
171	1995	12	1	24.21	91.82	20	4.00 mb
172	1995	12	1	26.19	92.24	57	4.40 mb

173	1995	12	6	24.74	91.56	39	4.10 mb
174	1996	1	3	25.47	89.25	33	4.70 mb
175	1996	2	17	26.14	90.69	50	4.30 mb
176	1996	3	5	26.48	92.96	33	4.10 mb
177	1996	7	17	26.04	91.93	33	4.30 mb
178	1996	8	18	25.88	90.16	17	4.40 mb
179	1996	9	24	23.34	88.59	36	4.60 mb
180	1996	11	19	24.50	92.64	49	5.50 mb
181	1996	11	24	26.72	92.57	33	4.50 mb
182	1997	5	6	25.25	93.66	33	
183	1997	5	8	24.89	92.25	35	5.6 mb
184	1997	5	8	24.89	92.25	34	6
185	1997	5	10	24.98	92.41	33	
186	1997	5	19	25.09	93.96	66	4.4 mb
187	1997	7	18	26.81	91.79	47 D	5
188	1997	7	31	23.89	93.16	33 N	5.5
189	1997	7	31	23.86	93.10	33 N	4.5
190	1997	8	5	23.20	90.98	33	4.10 mb
191	1997	8	6	25.63	92.18	41 D	4.9
192	1997	8	18	26.81	91.79	46	5.00 mb
193	1997	8	23	23.84	94.87	200 G	3.6
194	1997	9	4	24.49	94.50	100 G	4.4
195	1997	9	27	23.06	94.37	100 G	3.9
196	1997	9	28	25.23	94.92	129*	4.6
197	1997	10	2	23.92	94.32	100 G	
198	1997	10	8	24.96	93.33	52 D	4.5
199	1997	11	6	25.63	92.18	41	4.9
200	1998	6	9	23.399	92.54	33	
201	1998	6	11	22.48	92.47	100 G	4
202	1998	6	19	23.813	93.82	100 G	4.1
203	1998	7	8	27.325	91.03	33 N	5.2
204	1998	7	17	22.849	94.50	100 G	4.6
205	1998	7	27	24.214	93.55	58 D	4.8
206	1998	8	4	23.606	94.58	33 N	4.3
207	1998	8	16	23.239	94.40	122 ?	3.8

208	1998	9	24	23.328	93.88	33 N	
209	1998	10	16	23.74	94.68	101 d	5.2
210	1998	10	16	26.03	91.21	33 N	
211	1998	11	24	26.38	94.63	60 *	4.1
212	1998	12	2	26.35	93.50	33 N	5
213	1998	12	4	26.6	92.38	46 D	
214	1999	1	7	23.732	94.91	145 ?	4.3
215	1999	2	19	25.362	94.67	105 ?	4.2
216	1999	2	21	26.414	93.66	33 n	4
217	1999	2	22	23.307	93.72	65 D	5.1
218	1999	4	5	24.908	93.68	66 D	5.3
219	1999	4	15	25.617	93.67	44 D	4.6
220	1999	4	30	25.409	94.13	33 N	4.3
221	1999	5	11	26.307	92.79	33 N	4.4
222	1999	5	25	23.442	94.82	135 ?	4.1
223	1999	6	19	24.16	94.60	120	4.2
224	1999	6	20	26.204	92.78	33 N	4.3
225	1999	6	26	26.796	91.81	52	4.4
226	1999	7	5	23.036	93.81	54	4.4
227	1999	7	28	25.771	93.44	73 ?	4.2
228	1999	9	9	23.401	94.69	136?	3.9
229	1999	10	5	26.26	91.93	33 N	5.3
230	1999	10	6	23.751	94.76	127?	4.3
231	1999	10	23	26.12	91.99	41 D	
232	1999	12	22	24.18	94.72	97?	4.6
233	1999	12	26	24.76	94.66	91 D	3.7
234	2000	2	27	23.07	94.20	74D	5.1
235	2000	3	17	26.684	91.89	33N	4.1
236	2000	3	28	23.999	94.88	119	4.4
237	2000	3	28	22.634	93.92	33N	4.4
238	2000	4	16	24.671	92.44	33N	3.8
239	2000	4	21	26.15	93.01	33N	4
240	2000	5	3	23.962	94.81	33N	4.4
241	2000	5	11	25.391	94.41	59D	4.3
242	2000	6	28	24.87	94.07	33N	4.1

243	2000	7	2	24.51	94.69	83D	5
244	2000	8	13	24.67	94.74	66	4.3
245	2000	8	16	26.535	92.42	33N	4.4
246	2000	10	11	23.866	94.86	117D	5.4
247	2000	11	9	22.466	92.47	14D	4.7
248	2000	11	9	25.376	91.43	38D	4.2
249	2000	11	15	24.63	94.85	33N	4
250	2001	4	16	22.59	89.15	33N	4.2
251	2001	4	20	25.86	90.57	33N	4.5
252	2001	5	16	23.16	94.20	33N	4.7
253	2001	5	21	23.034	92.01	33N	
254	2001	6	12	23.474	94.92	52*	4.6MB
255	2001	6	20	26.356	92.63	61 D	4.3MB
256	2001	6	29	23.226	93.73	65*	4.7MB
257	2001	7	3	26.688	89.54	33N	
258	2001	8	12	24.432	94.99	121D	5.0MB
259	2001	8	12	24.391	92.11	33N	4.6MB
260	2001	8	21	23.626	94.55	111	4.1
261	2001	9	4	25.557	90.77	33N	
262	2001	9	11	26.324	93.22	33N	4
263	2001	9	26	23.42	92.02	33N	3.1
264	2001	10	7	23.58	93.36	43D	4.8
265	2001	10	26	26.554	92.99	10G	4.5
266	2002	8	20	23.195	93.94	54D	4.7
267	2003	7	26	22.82	92.32	10	5.6
268	2003	7	27	22.926	92.42	10	4.4
269	2003	8	1	22.857	92.36	10	4.8
270	2003	11	8	23.626	93.64	33N	4.9

Source: NEIC Earthquake Data Base of US Geological Survey; http: // www.neic.cr.usgs.gov

[1]UKTS: UKconhecida determinação epicentral original. Eventos determinados por Tandon, A. N., e Srivastava, H. N., 1974.

[2]UKRR: Rao e Rao, 1984.

[3]UKPDE: Determinação epicentral original conhecida do Reino Unido. Parâmetros pré-instrumentais da fonte do terramoto determinados pelo USGS.

Apêndice-2

Dados sobre o nível da água (em metros) das estações de Bhugai, Jhalukhali e Nitai.

Bhugai	**Nalitabari SW34**				
	1960	1980	1991	1993	1998
January		20.25	20.57	20.67	20.11
February		20.21	20.51	20.56	20.04
March		20.16	20.45	20.52	20.02
April		20.15	20.49	20.59	20.09
May		20.88	21.52	21.14	20.2
June	20.97	21.57	21.68	21.8	20.93
July	22.15	21.78	22.01	22.23	21.81
August	21.26	21.5	21.61	21.95	21.98
September	21.99	21.43	21.88	21.6	21.09
October	20.99	21.18	21.16	21.27	20.89
November	20.66	20.65	20.66	20.67	20.37
December	20.44	20.49	20.56	20.5	20.17

Jhalukhali	**Muslimpur SW 333 (near Jadukata)**		
	1991	1993	1998
January	6.71	6.3	6.38
February	6.57	6.33	6
March	6.29	6.17	5.46
April	6.36	6.23	5.57
May	8.05	7.15	5.87
June	8.82	7.95	7.95
July	8.31	8.38	8.14
August	7.92	8.06	8.33
September	7.98	7.42	7.59
October	7.35	6.99	6.19
November	6.66	6.51	5.56
December	6.47	6.38	5.28

Nitai	Dhobaura SW 314			
	1980	1991	1993	1998
January	12.65	15.77	13.32	12.95
February	12.64	17.02	13.26	12.89
March	12.61	16.97	13.28	12.85
April	12.59	17	13.34	12.83
May	13.21	14.45	13.9	12.99
June	13.58	14.08	14.68	12.91
July	13.99	14.65	15.02	14.76
August	13.87	14.3	14.75	14.99
September	13.66	14.76	14.32	13.98
October	13.4	14.03	14.03	13.48
November	12.87	13.28	13.4	13.08
December	12.72	13.14	13.28	12.89

Apêndice-3

Dados do Sistema de Posicionamento Global (GPS) sobre o movimento da placa (apenas movimento horizontal).

Station	Rate (cm/year)	Direction
Dhaka	4.00	N50°E
Chittagong	3.8	N55°E
Patuakhali	2.9	N30°E
Khulna	3.5	N53°E
Rajshahi	2.7	N43°E
Sylhet	3.7	N40°E

(Comunicação pessoal: Professor Syed Humayun Akhtar, Departamento de Geologia, Universidade de Dhaka, Bangladesh).

More Books!

yes

I want morebooks!

Buy your books fast and straightforward online - at one of world's fastest growing online book stores! Environmentally sound due to Print-on-Demand technologies.

Buy your books online at
www.morebooks.shop

Compre os seus livros mais rápido e diretamente na internet, em uma das livrarias on-line com o maior crescimento no mundo! Produção que protege o meio ambiente através das tecnologias de impressão sob demanda.

Compre os seus livros on-line em
www.morebooks.shop

info@omniscriptum.com
www.omniscriptum.com

OMNIScriptum

MIX
Papier aus verantwortungsvollen Quellen
Paper from responsible sources
FSC® C105338

Printed by Books on Demand GmbH, Norderstedt / Germany